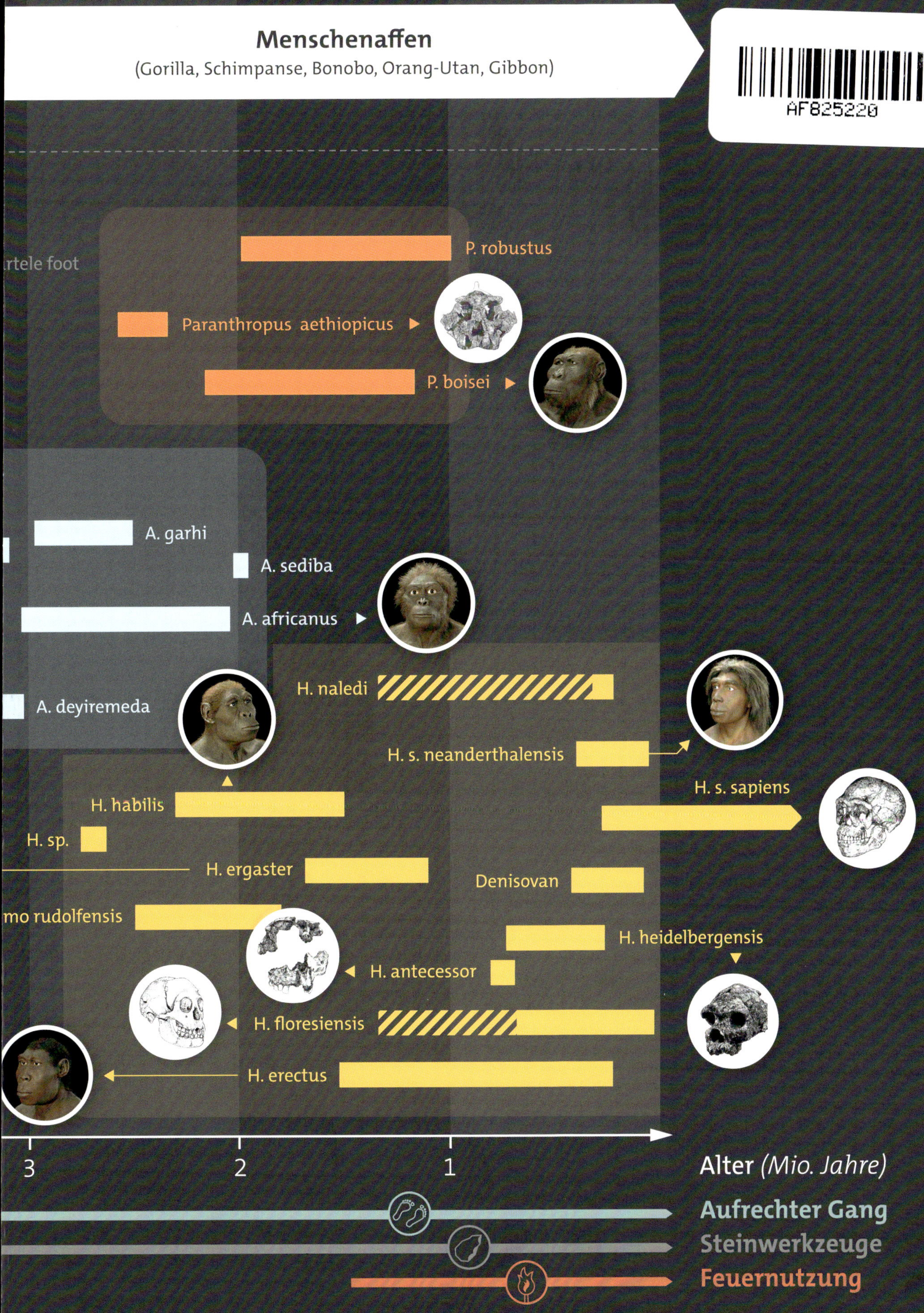
Menschenaffen
(Gorilla, Schimpanse, Bonobo, Orang-Utan, Gibbon)
rtele foot
P. robustus
Paranthropus aethiopicus
P. boisei
A. garhi
A. sediba
A. africanus
A. deyiremeda
H. naledi
H. s. neanderthalensis
H. habilis
H. s. sapiens
H. sp.
H. ergaster
Denisovan
mo rudolfensis
H. heidelbergensis
H. antecessor
H. floresiensis
H. erectus
3
2
1
Alter (Mio. Jahre)
Aufrechter Gang
Steinwerkzeuge
Feuernutzung

Menschsein

Die Anfänge unserer Kultur

Den Druck dieses Kataloges ermöglichte die
Historisch-Archäologische Gesellschaft Frankfurt am Main e. V.
Verein für das Historische und das Archäologische Museum
und die Forschungsstelle „The Role of Culture in Early Expansions of Humans“
(ROCEEH) der Heidelberger Akademie der Wissenschaften

Historisch-Archäologische Gesellschaft
Frankfurt am Main e.V.

Stiftung
Polytechnische
Gesellschaft
Frankfurt am Main

KULTURFONDS
Frankfurt RheinMain

THE ROLE
OF CULTURE
IN EARLY
EXPANSIONS
OF HUMANS

HEIDELBERGER AKADEMIE
DER WISSENSCHAFTEN
Akademie der Wissenschaften
des Landes Baden-Württemberg

Archäologisches Museum Frankfurt – Publikationen 2
Eine Veröffentlichung des Archäologischen Museums Frankfurt
und zugleich ROCEEH Perspectives 2
herausgegeben von Wolfgang David im Auftrag der

STADT FRANKFURT AM MAIN
DEZERNAT KULTUR UND WISSENSCHAFT

148 Seiten mit 136 Abbildungen und 16 Icons

Bibliografische Information der Deutschen Nationalbibliothek
Die Deutsche Nationalbibliothek verzeichnet diese Publikation in der Deutschen Nationalbibliografie; detaillierte bibliografische Daten sind im Internet über http://dnb.d-nb.de abrufbar.

ISBN 978-3-96176-142-5

Printed in Germany by Nünnerich-Asmus Verlag & Media GmbH

Weitere Titel aus unserem Verlagsprogramm finden Sie unter:
www.na-verlag.de

Menschsein

Die Anfänge unserer Kultur

Begleitband zur Sonderausstellung

5. Mai 2021 – 30. Januar 2022
Archäologisches Museum Frankfurt

herausgegeben von Liane Giemsch und
Miriam Noël Haidle

ARCHÆOLOGISCHES
MUSEUM FRANKFURT

Nünnerich-Asmus
Verlag & Media

Inhaltsverzeichnis

Vorwort

In den Medien vergeht kaum eine Woche ohne Meldungen über neue sensationelle Erkenntnisse zur Entwicklungsgeschichte des Menschen. Aufgrund der Seltenheit von Neufunden menschlicher Fossilien handelt es sich meist um Neubewertungen bereits bekannter Funde infolge neuer Datierungen oder molekulargenetischer Untersuchungen. Die meisten dieser Nachrichten beziehen sich auf die Biologie und Abstammungsgeschichte des Menschen. Ein Bezug zu den Erkenntnissen der Prähistorischen Archäologie, deren Quellen viel zahlreicher als die fossilen Menschenfunde sind und zudem unmittelbare Zeugnisse der Kultur der ältesten Menschheit darstellen, wird nur selten hergestellt. Doch ist die frühe Menschheitsgeschichte nicht nur allein anhand von DNA oder physischen Merkmalen der Gattung *Homo* zu schreiben. Denn sie ist von Anfang an auch die Geschichte ihrer Geistbefähigung und der von ihr geschaffenen Kultur im allumfassenden Sinne, die Sozialverhalten, Technologien, Lebensweise und Ernährung sowie ästhetische Ausdrucksformen einschließt.

Dank der Geologie, Paläontologie, Paläoanthropologie und Archäologie wissen wir heute, dass es auf der Erde bereits viele hundert Millionen Jahre lang Leben gab, ehe unsere Art in Afrika entstand. Was aber stand am Anfang der menschlichen Kultur, was gab den ersten Impuls zu der Entwicklung, in deren Verlauf sich der Mensch von seiner biologischen Herkunft löste, seinen ursprünglichen Lebensraum verließ, die gesamte Welt besiedelte und schließlich im Jahr 1969 sogar den Mond betrat? Beeindruckend ist dabei die ständige Beschleunigung der Entwicklung, gekennzeichnet durch ein immer stärkeres Eingreifen des Menschen in seine Umwelt und deren Umgestaltung, sodass der Begriff Anthropozän als Bezeichnung für ein neues Erdzeitalter diskutiert wird.

Nachdem Liane Giemsch, Kustodin für Prähistorische Archäologie, 2018/19 erfolgreich die Sonderausstellung „Gold und Wein. Georgiens älteste Schätze“ kuratiert hatte, regte ich an, dass sie als nächstes Projekt ein Thema aus ihrem persönlichen Forschungsbereich, der älteren Altsteinzeit, angehen sollte, um ihre deutschlandweit seltene fachliche Spezialisierung und vor allem ihre mitreißende Begeisterung für die Archäologie der ältesten Kulturen in Afrika, wo sie selber forschend tätig war, im Rahmen einer Ausstellung „nutzbar“ zu machen. Zu meiner großen Freude schlug sie als Thema die frühesten Anfänge unserer Kultur vor und gründete für das Projekt umgehend eine studentische Arbeitsgruppe an der Goethe-Universität Frankfurt am Main. Gemeinsam mit Miriam Noël Haidle vom Senckenberg Forschungsinstitut und Naturmuseum in Frankfurt, der Koordinatorin des Langzeitprojektes „The Role of Culture in Early

Expansion of Humans", und in Kooperation mit weiteren namhaften Wissenschaftlerinnen und Wissenschaftlern erarbeitete Liane Giemsch die Inhalte der Sonderausstellung und des vorliegenden Begleitbandes. Zukünftig werden die hier aufgegriffenen Themen in die Neukonzeption der Dauerausstellung des Archäologischen Museums Frankfurt und in dessen Erweiterung in den digitalen Raum eingehen, um direkt an der Schnittstelle zwischen Wissenschaft und Gesellschaft ein öffentliches Forum für den Austausch über das Thema Menschsein und die Ursprünge unserer Kultur zu schaffen. Denn kaum ein Forschungsfeld ist so in Bewegung wie dieses, da es nach wie vor zu bahnbrechenden archäologischen Entdeckungen kommt.

Am Anfang stehen die Forschungen von Jacques Boucher de Perthes (1788–1868), der ab 1828 in den Kiesen der Somme bei Abbeville in der Picardie außer den Knochen ausgestorbener Tiere auch Faustkeile fand, in denen er Steinwerkzeuge des „vorsintflutlichen Menschen" erkannte. Bereits Jahrhunderttausende jünger sind die Skelettreste, die 1856 im Neandertal bei Düsseldorf entdeckt und nach längerem Forschungsstreit als Überreste eines Urmenschen anerkannt wurden. 1924 wurde in Südafrika mit dem „Kind von Taung" erstmals der Schädel eines Vormenschen der Art *Australopithecus africanus* entdeckt. 1931 fanden Mary und Louis Leakey in der Olduvai-Schlucht in Tansania erste Belege einer einfachen Steinindustrie, die bis zu 2,6 Millionen Jahre alt ist. Gerade 30 Jahre ist es her, dass 1991 in Dmanisi in Georgien 1,8 Millionen Jahre alte Fossilien des *Homo erectus* und Steingeräte entdeckt wurden, bei denen es sich, bis zu den Funden 2,1 Millionen Jahre alter Steinwerkzeuge bei Shangchen in Zentralchina im Jahre 2018, um den ältesten Nachweis der Gattung *Homo* außerhalb Afrikas handelte. Und erst 2011 wurden in Kenia an der Fundstelle Lomekwi die mit einem Alter von 3,3 Millionen Jahren derzeit ältesten Steinartefakte der Welt gefunden. Diese sind deutlich älter als die ältesten heute bekannten Nachweise für die Gattung *Homo* vor rund 2,8 Millionen Jahren.

Im mit *„The Dawn of Man"* betitelten ersten Akt des wirkungsmächtigen Science-Fiction-Films *„2001: A Space Odysee"* von Stanley Kubrick (1928–99), der 1968 wenige Monate vor der ersten Umrundung des Mondes durch Astronauten von Apollo 8 in den Lichtspielhäusern anlief, stößt eine Gruppe von Vormenschen in der afrikanischen Savanne auf einen 4 Millionen Jahre alten quaderförmigen schwarzen Monolithen, wodurch es bei deren Anführer zu einer entscheidenden Bewusstseinsveränderung kommt. Die Ausstellung „Menschsein. Die Anfänge unserer Kultur" wird in einer ehemaligen Klosterkirche aus dem Spätmittelalter gezeigt. Dies erinnert daran, dass die hier in der Ausstellung aufgeworfenen Fragen sich auch an Philosophie und Theologie richten.

Dr. Wolfgang David M.A.
Leitender Direktor des Archäologischen Museums Frankfurt

Vorwort

Seitdem es Menschen gibt, die reflektieren können, stellen sie die Grundfragen, wer wir sind und woher wir kommen. Immer wieder wurden die Antworten auf diese Fragen in den Bereichen der Religion oder der Philosophie gesucht, und ganz gewiss spielen diese Erfahrungs- und Gedankenbereiche für viele Menschen bis heute eine bedeutende Rolle, wenn wir fragen, was Menschen ausmacht. Seitdem Mitte des 19. Jahrhunderts erste fossile Menschenfunde unter anderem im Neandertal entdeckt wurden und Charles Darwin und Russell Wallace die Evolutionstheorie entwickelten, gehören diese Fragen auch in den Bereich der Naturwissenschaften. Jahr für Jahr gewinnen prähistorische Archäolog/-innen und Paläoanthropolog/-innen zusammen mit vielen Kolleg/-innen aus anderen Fächern neue empirische Daten über die Entstehung der Menschen und das Menschsein. Die Ausstellung *Menschsein – Die Anfänge unserer Kultur* präsentiert hochaktuelle Informationen zu diesen Fragen und wird dadurch von breitem Interesse sein.

Die Ausstellungsmacherinnen Dr. Liane Giemsch und PD Dr. Miriam Haidle zählen zu den Kennerinnen dieser Themen. Frau Giemsch wurde an der Universität Tübingen mit einer Arbeit über die altsteinzeitlichen Funde am Manyarasee in Nordtansania promoviert; ihr Forschungsschwerpunkt liegt auf der Entwicklung von Steinbearbeitungstechnologien. Frau Haidle habilitierte sich an der Universität Tübingen als Urgeschichtlerin und Paläoanthropologin mit vergleichenden Untersuchungen zu menschlichem und tierischem Werkzeugverhalten und möglichen Rückschlüssen auf das jeweilige Denken. Beide sind eng verbunden mit dem Langzeit-Forschungsprojekt der Heidelberger Akademie der Wissenschaften „The Role of Culture in Early Expansion of Humans" (ROCEEH) mit Arbeitsstellen in Frankfurt und Tübingen. Frau Giemsch war Mitglied der Nachwuchsgruppe von ROCEEH und ist heute Kustodin für Prähistorische Archäologie am Archäologischen Museum Frankfurt. Frau Haidle koordiniert das Projekt seit 2008 vom Frankfurter ROCEEH-Standort bei der Senckenberg Gesellschaft für Naturforschung aus und forscht dort zur Entwicklung kultureller Fähigkeiten. Diese Ausstellung, die sich dem *Menschsein* beziehungsweise den Anfängen unserer Kultur widmet, fasst die Ergebnisse der langjährigen Arbeit der beiden Kuratorinnen und des ROCEEH-Teams zur frühesten Phase der menschlichen Entwicklung zwischen 3,3 bis 1 Million Jahre vor heute zusammen. Mit ihr beginnt eine Reihe von Synthesen, die geplant sind, um die letzten drei Millionen Jahre der Menschheitsgeschichte einem breiten Publikum zu präsentieren.

Die erste dieser Zusammenfassungen, *Menschsein*, beginnt am Anfang der menschlichen Kulturgeschichte mit den 3,3 Millionen Jahre alten Steinwerkzeugen von Lomekwi aus dem Turkanaseegebiet in Kenia. Sie beleuchtet die früheste Phase der Altsteinzeit und die Fragen nach den Ursprüngen des Menschen und seiner Kultur. Die Ausstellung zeigt, wie Kultur von ihren Anfängen an unterschiedliche Lebensbereiche prägt: zu verschiedenen Technologien gehörende Fertigkeiten und Wissen, das Miteinander in der Gruppe, die Einbindung in die Umwelt, die Nutzung von Ressourcen. Sie betont die Rolle von gelerntem Verhalten und der Weitergabe von Wissen als Hauptmerkmale der menschlichen Entwicklung mit Wurzeln, die über die Zeit der ältesten Mitglieder der Gattung *Homo* vor rund drei Millionen Jahren vor heute zurückreichen. *Menschsein* diskutiert die Bedeutung von sozialem Lernen und der allmählichen Erweiterung von Handlungsmöglichkeiten auf der Basis des kumulativen Wissens vieler tausend Generationen.

An dieser Stelle möchte ich neben Frau Giemsch und Frau Haidle auch meinen Kolleg/-innen im ROCEEH-Team, apl. Prof. Dr. Michael Bolus, PD Dr. Angela Bruch, Dr. Christine Hertler, Julia Heß, Dr. Andrew Kandel, Prof. Dr. Friedemann Schrenk und Dr. Christian Sommer, unserem ROCEEH-Gast PD Dr. Oliver Schlaudt, dem Direktor des Archäologischen Museums Frankfurt, Dr. Wolfgang David und seinen Mitarbeiter/-innen, den vielen Studierenden der Goethe-Universität Frankfurt sowie zahlreichen befreundeten Wissenschaftler/-innen für ihre Unterstützung und ihr Mitwirken an dieser großartigen Ausstellung und dem ergänzenden Katalog über unsere Herkunft, unsere Identität und unsere Zukunft herzlich danken.

Nicholas J. Conard
Sprecher der Forschungsstellenleiter von ROCEEH
Universität Tübingen & Senckenberg Centre
for Human Evolution and Paleoenvironment

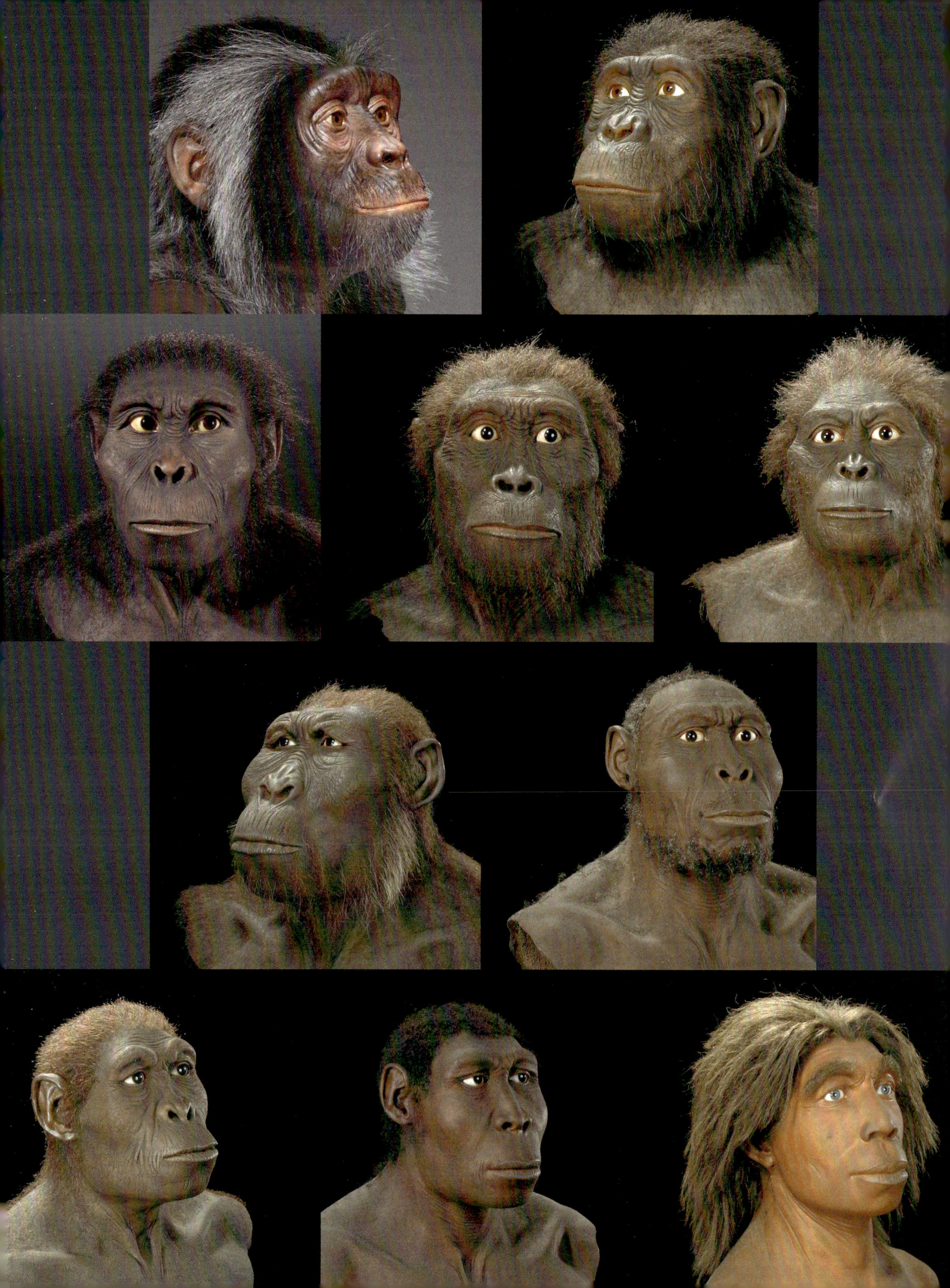

Liane Giemsch und Miriam Noël Haidle

Auf der Suche nach den Anfängen unserer Kultur

Wie wurden wir zu den Menschen, die wir heute sind? Wann und wo lassen sich Anfänge des Menschseins erstmals fassen? Um Antworten zu finden, beleuchten wir die Entwicklung der Menschen in Afrika zwischen 3,3 und 1 Millionen Jahren vor heute. Zwei wichtige körperliche Veränderungen hatten sich bei Menschenähnlichen schon zuvor herausgebildet: der aufrechte Gang und die dadurch freien Hände. Deren Bau mit kurzen Fingern und gegenüberstellbaren Daumen eignete sich ausgezeichnet für das Hantieren mit verschiedenen Materialien, Objekten und Werkzeugen. Auch die heutigen großen Menschenaffen (Schimpansen, Bonobos, Orang-Utans und Gorillas) sind geschickt im Umgang mit ihrer Umwelt; das ist wohl ein Teil unseres Primatenerbes. Ein anderer Teil dieses Erbes ist eine lange Kindheit in einem engen Miteinander von Artgenossen: ein idealer Nährboden für soziales Lernen und Kultur. In der Zeit zwischen 3,3 und 1 Millionen Jahren vor heute bildeten sich auf der Grundlage dieses Erbes neue, den Menschen eigene Formen des Zugangs zu ihrer Umwelt heraus, die ihre Entwicklung bis heute nachhaltig beeinflusst haben. Betrachtet man diese lange Geschichte, dann wird deutlich, wie viele verschiedenartige Entwicklungen im Laufe von Jahrmillionen dazu beigetragen haben, uns zu der kulturell vielfältigen Art zu machen, die heute die gesamte Erde bevölkert.

Neben fossilen Skelettresten sind es vor allem Werkzeuge, die unseren Blick auf die menschliche Entwicklungsgeschichte prägen. Welche Menschenform für einzelne archäologische Hinterlassenschaften und damit für Hinweise auf bestimmtes Verhalten verantwortlich war, wissen wir oft nicht. Daher gibt die folgende Beschreibung der Entwicklung nur einen groben Abriss wieder, ohne die einzelnen Schritte bestimmten Menschenformen zuzuweisen.

1 Ahnengalerie des Menschen. Von links oben nach rechts unten:
Sahelanthropus tchadensis, Australopithecus anamensis, Kenyanthropus platyops, Australopithecus afarensis, Australopithecus africanus, Paranthropus boisei, Homo rudolfensis, Homo habilis, Homo erectus, Neandertaler.

Aus der Zeit vor etwas über drei Millionen Jahren vor heute gibt es erste Hinweise auf Werkzeuggebrauch, wie er bislang von Menschenaffen unbekannt ist. An der Fundstelle Lomekwi am Turkanasee in Kenia wurden mithilfe von Geräten Steine bearbeitet. Mit den dadurch hergestellten scharfen Kanten ließ sich vieles leichter abtrennen und zerkleinern. Durch die neuen Möglichkeiten, sich pflanzliche und tierische Nahrung zu beschaffen, veränderten sich die Beziehungen zu anderen Arten. Die Menschen konnten nun beispielsweise besser mit Raubtieren um Teile von deren Beute konkurrieren. Der Anteil tierischer Nahrung – neben Fleisch auch das energiereiche Mark aus zerschlagenen Knochen – nahm zu. Durch den Gebrauch von Werkzeugen zu verschiedenen Zwecken konnten Menschen bald einen besonderen Platz unter den Fleisch- ebenso wie den Pflanzenfressern einnehmen. Sie wurden zu wirklichen Allesfressern, die je nach Situation ganz unterschiedlich handeln konnten.

Im Laufe der Zeit lässt sich ein gesteigertes technisches Verständnis sowohl bei der Auswahl der Rohmaterialien als auch bei der kontrollierten Bearbeitung der Werkzeuge feststellen. Um 2,3 Millionen Jahre vor heute waren Menschen in Kenia in der Lage, von einem Steinblock mehrere Dutzend Abschläge gezielt abzutrennen. Sie hatten das schwer zu bearbeitende Material im sogenannten Oldowan buchstäblich im Griff. Mit diesen Fähigkeiten im Gepäck betraten Menschen vor mehr als zwei Millionen Jahren erstmals Gebiete außerhalb Afrikas. Vor circa 1,8 Millionen Jahren entwickelten die Menschen eine neue Form der Steinbearbeitung. Neben dem Abschlagen scharfkantiger Steinsplitter fingen sie an, die Rohformen zunehmend symmetrisch und flächig zu überarbeiten. Verschiedene neue Werkzeugtypen entstanden, die sich zum Zerlegen von Tieren ebenso eigneten wie zum Bearbeiten von Holz und anderen Pflanzenmaterialien. Über 1,4 Millionen Jahre spielten Faustkeile und andere Geräte des Acheuléen eine wichtige Rolle. Und in dieser Zeit entwickelte sich eine immer engere Beziehung zum Feuer, dessen zunehmende Nutzung die Umweltbeziehungen der Menschen noch einmal stark veränderte.

Zur Herstellung und Nutzung von Steingeräten (aber auch anderen Werkzeugen) mussten die Menschen viele Fertigkeiten lernen und Wissen erwerben: welches Rohmaterial sich eignete und wo es zu finden war, welche Eigenschaften ein guter Hammerstein besaß, wie sich ein Abschlag möglichst gezielt abtrennen ließ, für was man welche Geräteformen am besten einsetzte. Aber das erfand niemand allein, musste nicht jede für sich herausbekommen. In der Gruppe konnten vorhandene Werkzeuge ausprobiert, Wege mitgegangen und Tätigkeiten mitgemacht werden, konnten Fortgeschrittene Beispiel sein oder auch helfend eingreifen. Unübersichtlichere Handlungen wurden durch Unterteilung denkbar. Die besondere Rolle der Menschen unter den Tieren der afrikanischen Savanne war durch ihre vielfältige und flexible Einbindung in diese Umwelt sowie durch ihr intensives Sozialverhalten geprägt, verknüpft mit einer

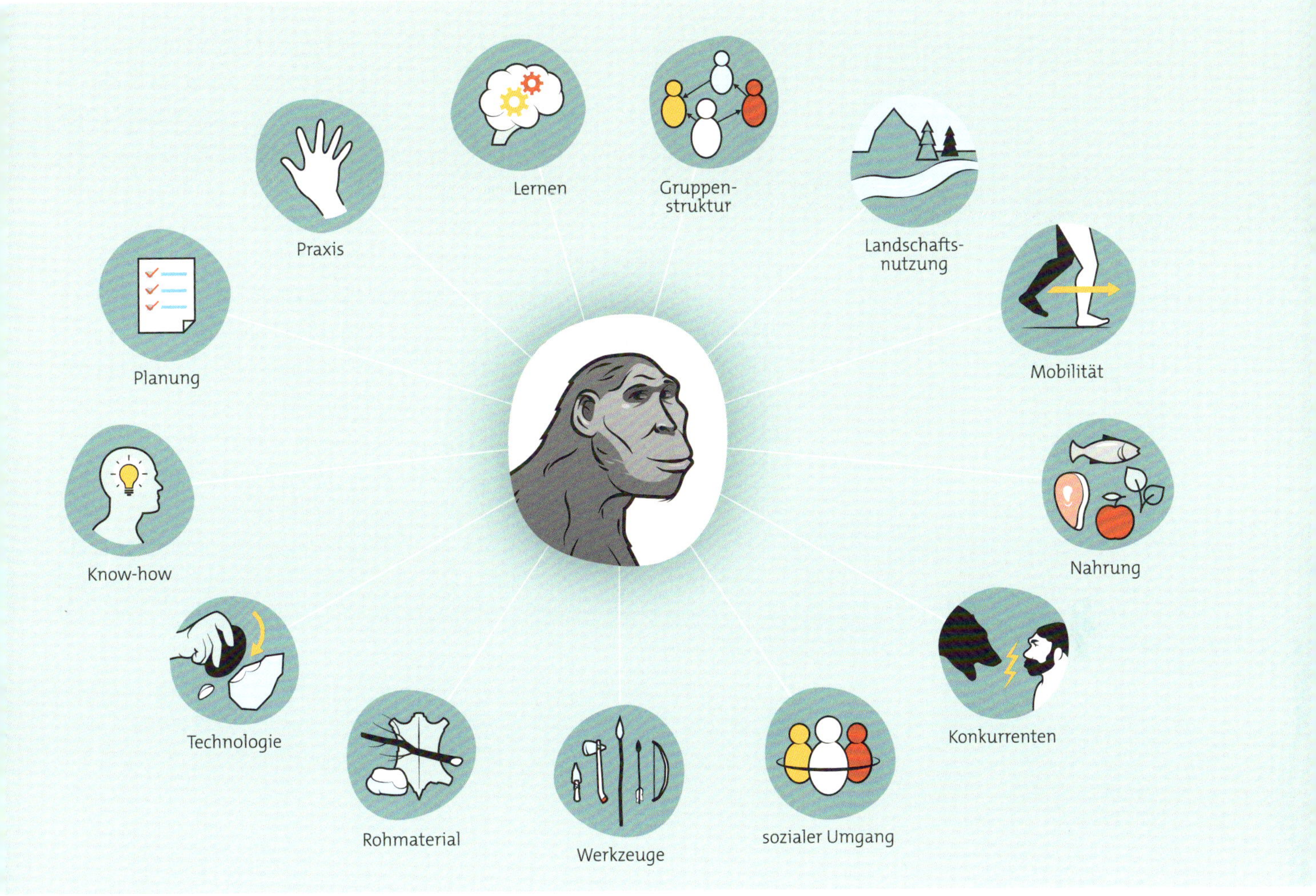

zunehmenden Lernfähigkeit. Wachsende Gruppengrößen und eine engere Gemeinschaft erweiterten die Möglichkeiten des Lernens im sozialen Umfeld. Das soziale Miteinander wurde vielfältiger. Die Älteren waren nicht nur Vorbilder in ihrem Tun, sondern begannen die Unerfahreneren zu motivieren, zu bestärken, zu korrigieren. So ließen sich auch schwierigere Dinge erlernen und langwierigere Lernprozesse durchhalten. Zunehmendes soziales Miteinander bedurfte und ermöglichte eine breitere Kommunikation durch Gesten, Mimik und Lautäußerungen. In einem Millionen Jahre währenden Prozess entstand so langsam die menschliche Sprachfähigkeit und mit ihr die Gabe, Lernwege nicht nur passiv vorzuführen, sondern aktiv anzuleiten. Menschen wurden zu Kooperationspartner/-innen, Erzähler/-innen und Lehrer/-innen.

Aber wo steckt die Kultur? Ist Kultur die Kombination von Traditionen und geistigen Vorstellungen? Ist es eine bestimmte Art, Können und Wissen zu ver-

2 Ein Ausschnitt aus dem Universum früher menschlicher Kultur. Hinter den Funden von Steinwerkzeugen und Knochen von Beutetieren sind viele verschiedene Faktoren sowie soziale und materielle Entwicklungsprozesse in der Auseinandersetzung mit der Umwelt verborgen.

mitteln und beizubehalten? Oder fängt Kultur bereits mit simplen, sich aber in der Gruppe wiederholenden Abläufen an? Kann man bereits von Kultur sprechen, wenn Affen einfache Werkzeuge herstellen und nutzen, um an Termiten zu gelangen oder Nüsse zu knacken? Wo ist die Grenze zwischen Angewohnheit, Tradition und Kultur, oder gibt es sie gar nicht? Bei der Herausbildung der menschlichen Gattung *Homo* und der Entwicklung ihrer Umweltbeziehungen spielen kulturelle Fähigkeiten eine wichtige Rolle. Es ist anzunehmen, dass alle Vor-, Ur- und Frühmenschen der letzten 3,5 Millionen Jahre kulturelle Fähigkeiten besaßen, die allerdings unterschiedlich weit reichten und sich in verschiedenen Verhaltensformen zeigten.

Kultur fängt weit vor Kunst, Musik, Religion und Philosophie an. Sie ist kein Produkt einer Handlung, das mit besonderen Eigenschaften ausgestattet ist, sondern das Tun selbst. Kulturelles Tun (*Performanz*) zeichnet sich durch die Entwicklung im sozialen Umfeld und seine relative Dauerhaftigkeit aus. Kultur ist sozial erlernte und über Generationen hinweg vermittelte Praxis im Umgang mit sich, miteinander und mit der Umwelt, die sich aus vielen einzelnen Performanzen – Handlungen und Habitus – zusammensetzt. Kultur ist nichts Abgehobenes, sondern durchdringt den Alltag. Seit Jahrmillionen schon sind Menschen kulturelle Wesen, durch und mit Kultur haben sie sich weiterentwickelt.

Blicken wir nun also zurück auf die für uns heute fassbaren Anfänge der menschlichen Kultur, um einige der frühen Weichenstellungen auf unserem Weg zu entdecken.

Weiterführende Literatur

Haidle, M. N./Hertler, C. 2021 KULT-UR-MENSCH. Kulturkonzepte für die Erforschung der Menschwerdung. ROCEEH Communications 1 (Heidelberg 2021).

Hörning, K. H./Reuter, J. 2004 Doing Culture: Kultur als Praxis. In: K. H. Hörning/J. Reuter (Hg.), Doing Culture. Neue Positionen zum Verhältnis von Kultur und sozialer Praxis. (Bielefeld 2004) 9–15.

Sahelanthropus tchadensis

Steckbrief

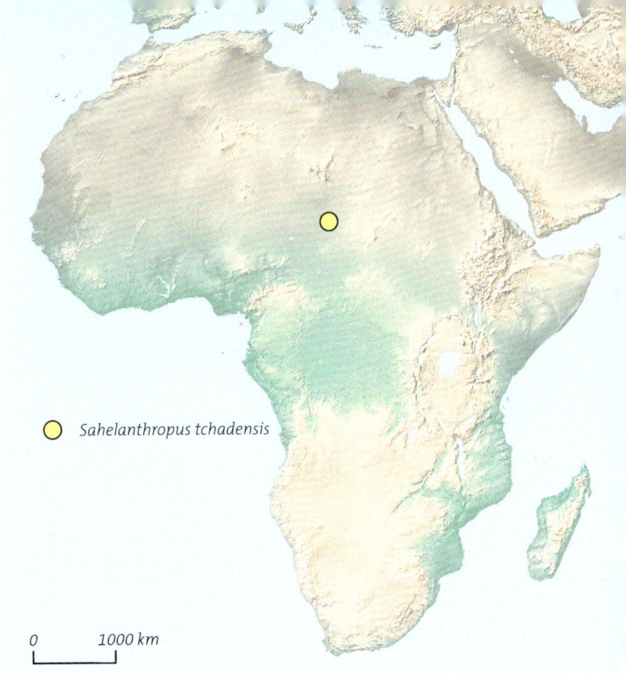

Entdeckung:

2001 entdeckte Ahounta Djimdoumalbaye einen fast vollständig erhaltenen, aber stark fragmentierten Schädel in der Djurab-Wüste (Tschad).

Fundort:

Tschad: Toros-Menalla, Djurab-Wüste.

Funde:

Schädel ohne Unterkiefer, vier Unterkieferfragmente und vier einzelne Zähne. Die Fossilien weisen alle sehr starke Beschädigungen auf.

Alter:

circa 7 Millionen Jahre.

Gehirnvolumen:

360–370 cm^3.

Merkmale:

Aufgrund der Lage des *Foramen magnum* am Schädel (der Durchlass für das Rückenmark) gehen einige Forscher/-innen von einer aufrechten Fortbewegung der *Sahelanthropus tchadensis* aus. Andere sprechen sich wiederum für einen nicht regelmäßigen aufrechten Gang aus und ordnen sie den Menschenaffen zu. *Sahelanthropus tchadensis* lebten vermutlich in Gras- und Waldlandschaften und ernährten sich wohl vorwiegend von Blättern sowie Wurzeln und Knollen. Bei Nahrungsknappheit könnten auch große Insekten und kleine Wirbeltiere verspeist worden sein.

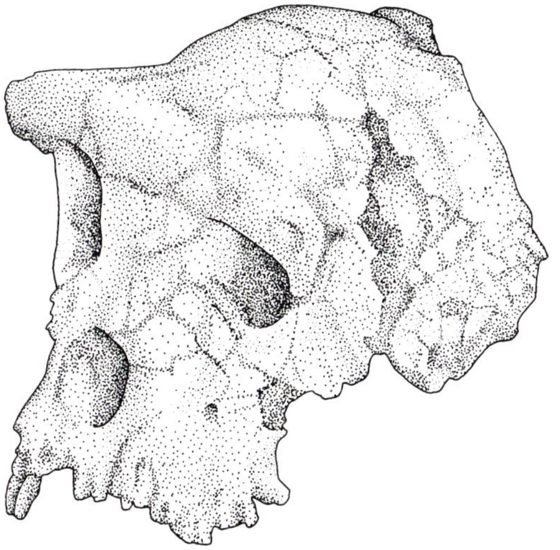

Schädel aus Toros-Menalla, Djurab Wüste, Tschad (TM266-01-060-1)

Gesichtsrekonstruktion

Fig: 1.

Thomas Junker

Zwischen Natur und Kultur: Der doppelte Ursprung des Menschen

„Der Mensch ist selbst im einfachsten Zustand,
in dem er heute existiert,
das dominanteste Tier,
das je auf dieser Erde erschienen ist".
Charles Darwin, The Descent of Man (1871)

Betrachtet man den menschlichen Körper – das äußere Erscheinungsbild, die anatomischen Einzelheiten und die physiologischen Mechanismen –, dann lässt sich unschwer erkennen, dass Menschen zum Tierreich gehören. Genauer: Dass sie Säugetiere und Primaten sind. Aber dies scheint nicht alles zu sein. Denn wenn man das Verhalten und die Lebensweise beobachtet, dann ist es ebenso offensichtlich, dass sich die Menschen in vielerlei Hinsicht weit von ihren biologischen Ursprüngen entfernt haben.

Diese eigenartige Verschmelzung von Natur und Kultur, die so charakteristisch für Menschen ist, wirkt faszinierend und rätselhaft zugleich. Und sie kann ein Stück weit erklären, warum es so lange gedauert hat, bis der biologische Ursprung der Menschen allgemein akzeptiert wurde. Und dies, obwohl bereits die Naturforscher des 18. Jahrhunderts beobachtet hatten, dass der menschliche Körper bis ins Detail mit dem anderer Säugetiere und vor allem mit dem der Primaten übereinstimmt.

Abb. 2

Eine Tierart unter vielen

Für den Begründer der biologischen Systematik Carl Linnæus ließen diese Ähnlichkeiten nur einen Schluss zu: Schon in der ersten Auflage seiner *Systema Naturæ* (System der Natur) aus dem Jahr 1735 ordnete er die Menschen in das

1 Im Jahr 1699 erschien die erste wissenschaftliche Untersuchung eines Schimpansen durch den Arzt Edward Tyson.

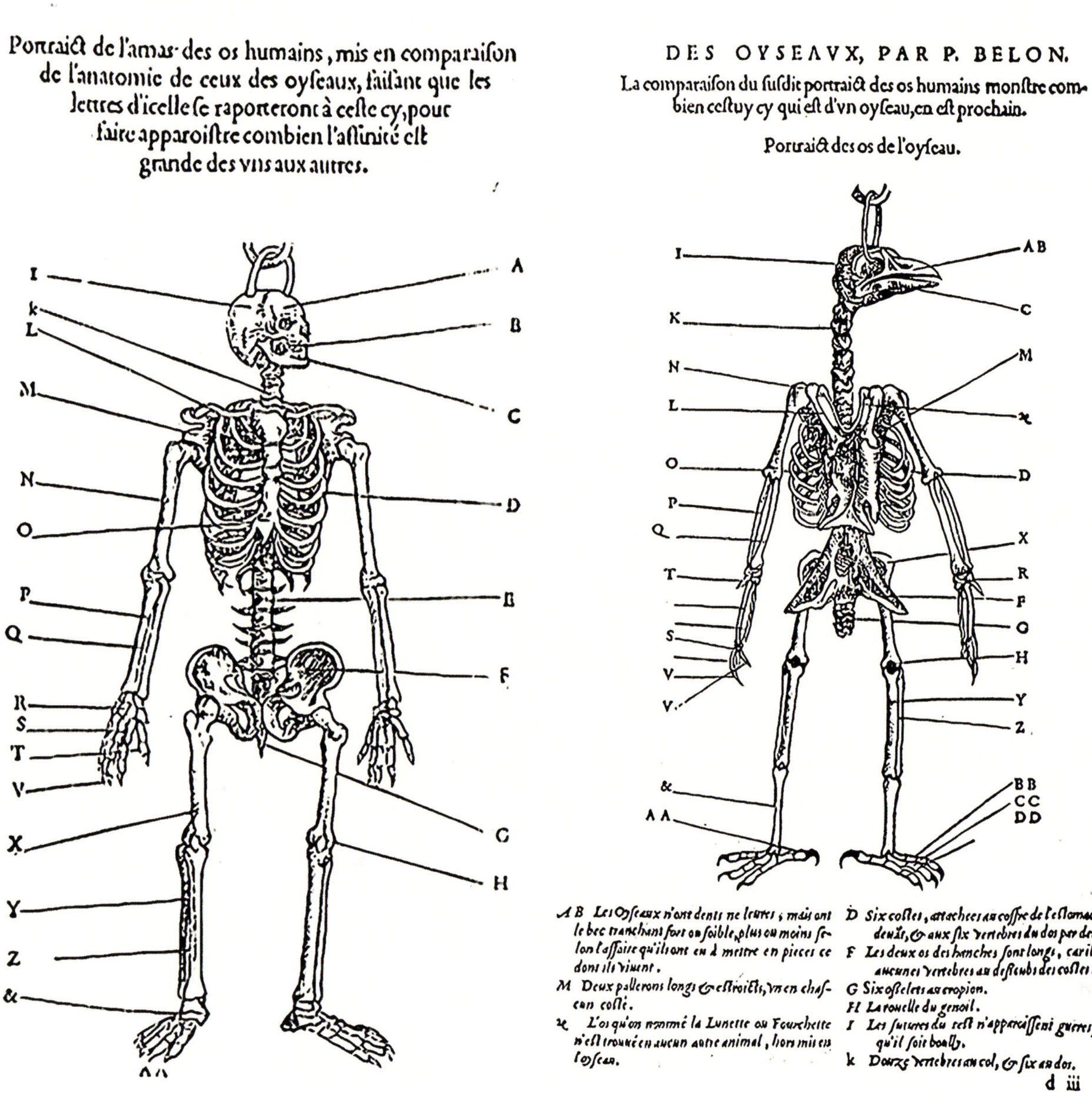
Portraict de l'amas des os humains, mis en comparaison de l'anatomie de ceux des oyseaux, faisant que les lettres d'icelle se raporteront à ceste cy, pour faire apparoistre combien l'affinité est grande des vns aux autres.

DES OYSEAVX, PAR P. BELON.

La comparaison du susdit portraict des os humains monstre combien cestuy cy qui est d'vn oyseau, en est prochain.

Portraict des os de l'oyseau.

A B Les Oyseaux n'ont dents ne leures; mais ont le bec tranchant fort ou foible, plus ou moins selon l'affaire qu'ils ont en à mettre en pieces ce dont ils viuent.

M Deux pallerons longs & estroicts, vn en chascun costé.

ꝝ L'os qu'on nomme la Lunette ou Fourchette n'est trouvé en aucun autre animal, hors mis en l'oyseau.

D Six costes, attachees au coffre de l'estomach par deuãt, & aux six vertebres du dos par derriere.

F Les deux os des hanches sont longs, car il n'y a aucunes vertebres au dessoubs des costes.

G Six osselets au cropion.

H La rouelle du genoil.

I Les sutures du test n'apparoissent gueres sinon qu'il soit boully.

k Douze vertebres au col, & six au dos.

d iii

2 Abhandlung von Pierre Belon aus dem Jahr 1555. Die Ähnlichkeiten im Bauplan von Organismen aus verschiedenen Tiergruppen wurden schon früh beobachtet und sie gelten heute als wichtiger Beleg für ihre gemeinsame Abstammung.

Tierreich. Die Art *Homo sapiens*, wie er sie nannte, bekam den ersten Rang zugewiesen, wurde aber zu den vierfüßigen Tieren gestellt. In späteren Auflagen änderte Linnæus die eine oder andere Zuordnung und führte für die vierfüßigen Tiere den heute üblichen Namen „Säugetiere" ein. Aber an dem Punkt, der ihm die meiste Kritik eingetragen hatte, ließ er sich nicht beirren: Die Menschen waren Teil des Systems der Natur und sie standen nahe bei den Affen. In vielerlei Hinsicht war das System von Linnæus noch ein unsicherer erster Schritt. Zugleich markiert es aber den Beginn einer weltanschaulichen Revolution, deren Konsequenzen erst langsam ins Bewusstsein der Menschen traten. Von nun an waren sie ein Teil der Natur, eine Tierart unter vielen.

In der Folge setzten einige Wissenschaftler ihren ganzen Ehrgeiz daran, doch einen absoluten körperlichen Unterschied zwischen Menschen und den anderen Tieren zu finden – in der Zahl und Anordnung der Knochen, im Aufbau des Gehirns oder in anderen Eigenschaften –, aber jeder dieser ‚Funde' erwies sich als trügerisch. Was man fand, waren quantitative Abweichungen – in den Proportionen von Armen und Beinen, in der Behaarung und Pigmentierung der Haut und in der relativen Größe des Gehirns. Aber eben keine qualitative anatomische oder physiologische Einzigartigkeit.

Die Affenabstammung des Menschen

Linnæus hatte die Ähnlichkeiten zwischen Menschen und anderen Primaten nicht mit ihrem gemeinsamen evolutionären Ursprung erklärt, sondern er glaubte, dass jede Art getrennt erschaffen worden sei. Einige seiner Zeitgenossen waren da weniger zögerlich, und bald begann man über Menschen als abgewandelte Affen und umgekehrt zu spekulieren. Durchgesetzt hat sich die Evolutionstheorie aber erst ein Jahrhundert später, als Charles Darwin zeigen konnte, wie sich die Eigenschaften der Lebewesen im Wechselspiel von Vererbung und Auslese verändern. Das natürliche System wurde so zur Grundlage für den Stammbaum der Organismen.

Von der Überzeugung, dass Menschen Primaten sind, war es nur ein kleiner Schritt zur These, dass sie auch von diesen abstammen. Selbstverständlich entwickelten sie sich nicht aus einer heute lebenden Primatenart, sondern aus einer langen Reihe äffischer Vorfahren, die mehr als 80 Millionen Jahre in die Zeit der Dinosaurier zurückreichen. Die spannende Frage war nun nicht mehr, *ob*, sondern aus *welchen* fossilen Primaten die Menschen entstanden sind. Es war einer der großen Erfolge der Molekularbiologie, dass sie durch den Vergleich von Proteinen und DNA sowohl die Abstammungsverhältnisse als auch die ungefähren Zeitpunkte der Aufspaltungen bestimmen konnte. Das inzwischen allgemein akzeptierte Ergebnis ist, dass Menschen und Schimpansen am nächsten miteinander verwandt sind und dass der letzte gemeinsame Vorfahre vor fünf bis sieben Millionen Jahren gelebt hat.

Wer aber waren die letzten, noch äffischen Vorfahren der ersten Menschen? Wer ist der „Affe", von dem wir abstammen? Da sich die Stammlinien von Menschen und Schimpansen vor rund fünf bis sieben Millionen Jahren getrennt haben, man aber erst vor rund 2,5 Millionen Jahren von Menschen spricht, bleibt eine Lücke von mehreren Millionen Jahren. Während dieser langen Zeit hatten sich unsere Vorfahren bereits von den Schimpansen getrennt, waren aber noch

3 Vereinfachter Stammbaum der afrikanischen Menschenaffen.

Helle Linie:
Schimpansen und Gorillas.

Dunkle Linie:
Australopithecinen.

Schwarze Linie:
Menschen (Gattung *Homo*).

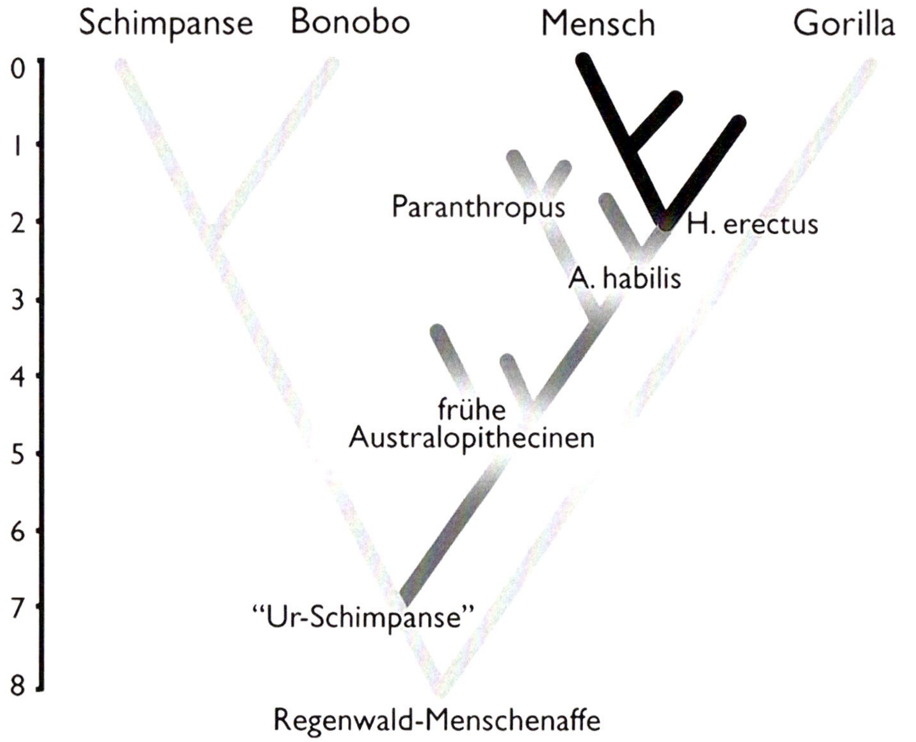

keine Menschen. Was aber waren sie dann? Sie werden heute als eigenständiger Typus von Menschenaffen gesehen, als Australopithecinen („südliche Affen"). Sie konnten bereits aufrecht gehen, es kam aber noch nicht zu einer signifikanten Vergrößerung des Gehirns und zu anderen typisch menschlichen Merkmalen. *Abb. 3* Ihre bekannteste Vertreterin ist „Lucy" (*Australopithecus afarensis*), die vor 3,2 Millionen Jahren in Ostafrika lebte. Unsere letzten noch äffischen Vorfahren waren also die Australopithecinen.

Grenzen der Biologie?

Wenn man akzeptiert, dass Menschen Primaten sind und von äffischen Vorfahren abstammen, dann ist damit das Rätsel des Menschseins noch nicht gelöst – im Gegenteil. Denn dann stellt sich die Frage, wie und warum sich diese eigenartige Tierart, die Menschen, mit ihren besonderen Merkmalen entwickelt hat. Vor allem Theologen und Philosophen betonen bis heute, dass die Biologie nicht in der Lage sei, dieses Rätsel zu lösen. Man argumentiert, dass im Laufe der evolutionären Entwicklung ein Sprung erfolgt sei, der naturwissenschaftlich nicht erklärt werden könne, und der zur Folge hatte, dass ein absoluter Unterschied zwischen Menschen und anderen Tieren entstand. In der katholischen Kirche beispielsweise wird die natürliche Evolution des menschlichen Körpers mittler-

4 Das Gemälde *„Pithecanthropus alalus"* von Gabriel von Max (1840–1915) aus dem Jahr 1894 stellt eine fiktive Übergangsform zwischen den äffischen Vorfahren und heutigen Menschen dar.

weile durchaus akzeptiert, während man gleichzeitig betont, dass die Geistseele unmittelbar von Gott geschaffen wurde.

Absolute Unterschiede zwischen Menschen und Tieren wurden auch in der Philosophie und in anderen Geisteswissenschaften postuliert. Für den französischen Philosophen und Naturforscher René Descartes beispielsweise war der Körper aller Lebewesen „eine Art von Maschine", die aus Knochen, Nerven, Muskeln, Adern, Blut und Haut zusammengesetzt ist. In diesem physikalisch determinierten System soll es nur eine Ausnahme geben: die unteilbare und unsterbliche Seele des Menschen. Mit Abwandlungen findet sich dieser Gedanke bis in unsere Zeit. So schrieb der Kulturphilosoph Ernst Cassirer, dass

5 Kulturell tradierte Verhaltensweisen gibt es auch bei Tieren. Ein Beispiel sind die Methoden des Termitenangelns bei Schimpansen.

die „symbolischen Formen" – Sprache, Mythos, Wissenschaft, Religion, Technik, Kunst – „wahrhafte Urphänomene des Geistes" seien, die nicht kausal erklärt werden können. *Abb. 4*

Auf der anderen Seite versuchten vor allem Naturwissenschaftler und Evolutionsbiologen, die Lücke zwischen Menschen und anderen Tieren zu schließen. Sie argumentierten, dass Menschen eben nicht nur körperlich, sondern auch in ihrem Fühlen, Denken und Verhalten von ihrem evolutionären Erbe geprägt sind. Es gehört in der Tat zum biologischen Grundwissen, dass es eine enge Verbindung zwischen den körperlichen Merkmalen eines Tieres und seinem Verhalten gibt. Dies gilt im Prinzip für alle Lebensbereiche, und auch Menschen machen hier keine Ausnahme.

Die Tatsache, dass Menschen Fähigkeiten haben, die sich bei anderen Tieren nur in Ansätzen finden – Sprache, Kunst und Wissenschaft beispielsweise – widerspricht dem nur auf den ersten Blick. Aus biologischer Sicht haben Menschen eben einzigartige Merkmale – so wie auch alle anderen Lebewesen auf ihre spezielle Art besonders und einzigartig sind. Nichtsdestoweniger stellt sich die Frage, ob sich die außergewöhnlichen Eigenschaften der Menschen tatsächlich mit den allgemeinen evolutionären Mechanismen erklären lassen oder ob die Methode hier an Grenzen stößt. Im Folgenden möchte ich dies kurz am Beispiel der Kultur diskutieren und zeigen, inwiefern die neueren biologischen Theorien einen Brückenschlag zwischen natur- und geisteswissenschaftlichen Herangehensweisen ermöglichen.

Wieviel Natur steckt in der Kultur?

Evolutionsbiologisch lässt sich die Kulturfähigkeit als eine Anpassung verstehen, die die Vorteile der genetischen Information mit denen der individuellen Erfahrung verbindet und zugleich einige ihrer Nachteile vermeidet. Was ist damit gemeint? Bei der genetischen Vererbung bilden Gene die Informationseinheiten. Sie produzieren relativ unflexibles Verhalten, das nur durch Mutationen, Rekombination und Selektion verändert wird. Im Gegensatz dazu sind erlernte Verhaltensweisen flexibler. Das kann von Vorteil sein, wenn sich ein Tier in einer veränderlichen Umwelt bewegt. Erlerntes Verhalten hat aber einen schwerwiegenden Nachteil: Die Erfahrungen müssen von jedem Individuum immer wieder aufs Neue gemacht werden. Das kann jedoch mit großen Risiken verbunden sein, da man erst lernen muss, welche Nahrung genießbar ist und wo Gefahren drohen.

Soziale Tiere haben nun die Möglichkeit, diesen Nachteil auszugleichen, indem sie von anderen Gruppenmitgliedern lernen und deren Erfahrungen übernehmen. Auf diese Weise entsteht ein zweiter Informationsspeicher, dessen Einheiten nicht genetisch vererbt, sondern durch Vorbild und Erziehung vermittelt werden – die Kultur. Entsprechend lässt sich Kulturfähigkeit als soziale Lernfähigkeit definieren und ist als solche genetisch determiniert, eine Anpassung. *Abb. 5*

Individuelle Erfahrungen und kulturelles Wissen sind also wichtige Ergänzungen zu dem in den Genen fixierten, evolutionären Wissen. Dies bedeutet aber, dass das erlernte Verhalten und die mit ihm verknüpften Gedanken gerade nicht genetisch determiniert sein dürfen, sondern frei und offen für Neues, Unerwartetes sein müssen. Denn nur dann können sie die genetisch determinierten Instinkte und Verhaltensweisen sinnvoll ergänzen.

Was aber passiert, wenn die erlernten Verhaltensweisen biologische Funktionen stören? Dann wird sich das Individuum schädigen oder sterben. Analog gilt das auch für Kulturen. Ein aufschlussreiches Beispiel sind die Shaker, eine christliche Freikirche, die Anfang des 19. Jahrhunderts in den USA aufblühte und einige tausend Mitglieder hatte. Grundlage ihres Zusammenlebens waren Ehelosigkeit und völlige sexuelle Enthaltsamkeit. Wie auch immer man diese Lebensweise moralisch bewertet, biologisch tragfähig ist sie nicht. Allgemein bedeutet dies, dass, wenn eine Gesellschaft nach kulturellen Überzeugungen und Regeln lebt, die mit den biologischen Notwendigkeiten in Konflikt geraten, diese Kultur früher oder später untergehen wird.

Menschen leben also tatsächlich in zwei Welten: sie sind gleichermaßen Natur- und Kulturwesen. Insofern haben die Biologen Recht, wenn sie darauf verweisen, dass die Kulturfähigkeit der Menschen auf natürlichem Wege entstand und ebenso wieder verschwinden wird, wenn sie ihren Zweck nicht mehr erfüllt. Aber auch die Philosophen und Geisteswissenschaftler haben Recht, wenn sie darauf verweisen, dass die kulturellen Inhalte, die speziellen Gedanken und Überzeugungen, nicht genetisch determiniert sind. Menschen und andere lernfähige Tiere sind in diesem Sinne in ihrem Denken und in ihrem Verhalten frei. Mit Freiheit sind aber immer auch Risiken verbunden. Und so ist der doppelte Ursprung der Menschen aus Natur und Kultur ein fortwährendes evolutionäres Experiment mit offenem Ausgang: für jedes einzelne Individuum, für Völker und ihre Kulturen, für die Menschen als biologische Art.

Weiterführende Literatur

Belon, P. 1555 L'histoire de la nature des oyseaux (Paris 1555).

Bonner, J. T. 1980 The evolution of culture in animals (Princeton 1980).

Cassirer, E. 1925 Sprache und Mythos. – Ein Beitrag zum Problem der Götternamen. In: E. Cassirer, Wesen und Wirkung des Symbolbegriffs (Darmstadt 1956) 71–158.

Conard, N. J. (Hg.) 2006 Woher kommt der Mensch? 2. Aufl. (Tübingen 2006).

Darwin, C. 1871 The descent of man, and selection in relation to sex. 2 vols. (London 1871).

Descartes, R. 1641 Meditationen über die Grundlagen der Philosophie (Hamburg 1960).

Haeckel, E. 1911 Natürliche Schöpfungsgeschichte. 11. Aufl. (Berlin 1911).

Junker, T. 2018 Die Evolution des Menschen. 3. Aufl. (München 2018).

Junker, T./Hoßfeld, U. 2009 Die Entdeckung der Evolution: eine revolutionäre Theorie und ihre Geschichte. 2. Aufl. (Darmstadt 2009).

Linnæus, C. 1735 Systema naturæ, sive regna tria naturæ systematice proposita per classes, ordines, genera & species (Leiden 1735).

Tyson, E. 1699 Orang-outang, sive Homo sylvestris: or, the anatomy of a pygmie compared with that of a monkey, an ape, and a man (London 1699).

Ardipithecus ramidus und *kadabba*

Steckbrief

Entdeckung:

Gen Suwa entdeckte 1992 in Aramis (Äthiopien) einen ersten Backenzahn eines *Ardipithecus ramidus*. Weitere zehn zusammengehörige Zähne folgten 1993. Mit dem zwischen 1994 und 1996 im Afar-Dreieck in Äthiopien entdeckten „Ardi", einem weitgehend komplett erhaltenen Skelett, liegt ein Sensationsfund vor. Das erste Fossil eines *Ardipithecus kadabba* entdeckte Yohannes Haile-Selassie 1997 im Afar-Tal in Äthiopien.

Fundort:

Äthiopien: Aramis, Awash-Fluss.

Funde:

ramidus: komplettes Skelett, Zähne.

kadabba: rechtes Unterkieferfragment mit erhaltenem letztem Backenzahn. Später entdeckte man unweit vom Fundort vier weitere einzelne Zähne, die aus einem Unterkiefer stammen.

Alter:

ramidus: 4,42–3,9 Millionen Jahre.

kadabba: 5,8–5,18 Millionen Jahre.

Gehirnvolumen:

280–350 cm^3.

Merkmale:

Da zwischen den Fossilien der *Ardipithecus kadabba* und *Ardipithecus ramidus* bis zu 1,9 Millionen Jahre liegen, wird angenommen, dass es sich um zwei verschiedene Arten handelt. Funktionell könnten *Ardipithecus* den Übergang zwischen der kletternden Fortbewegung der Menschenaffen und dem dauerhaft aufrechten Gang des Menschen darstellen. Wie sie sich ernahrten, ist nicht abschließend geklärt. Die Dicke des Zahnschmelzes und die Breite der oberen Schneidezähne lässt darauf schließen, dass sie weniger Früchte aßen als heutige Schimpansen, aber mehr reife Früchte, Sukkulententeile und junge Blätter als *Australopithecus afarensis*.

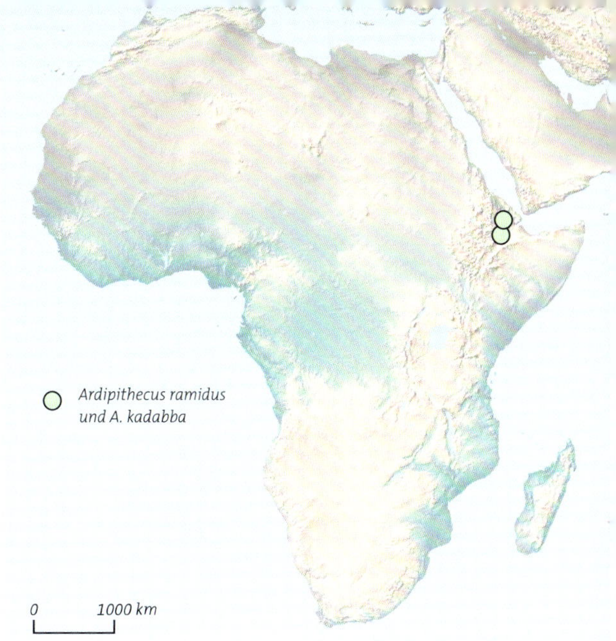

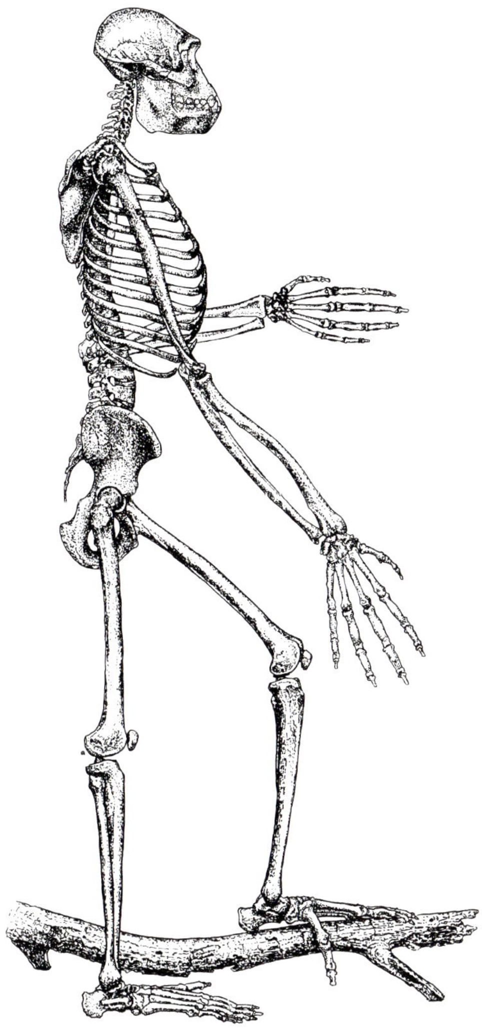

Rekonstruktion von *Ardipithecus ramidus*

Friedemann Schrenk

Biokulturelle Evolution früher Menschen

350.000 Generationen Menschheitsgeschichte (circa 7 Millionen Jahre) belegen eine große geografische Vielfalt an Vor-, Früh- und Urmenschen, zunächst in Afrika und seit etwa 100.000 Generationen auch darüber hinaus. Oft waren Klima- und Umweltveränderungen und ein Wandel der Nahrungsressourcen Auslöser für neue Entwicklungen.

Aufrechter Gang: Ursprung der Homininen

Seit über 30 Millionen Jahren lebten Menschenaffen in den Regenwäldern des tropischen Afrikas, die sich von der West- bis zur Ostküste des Kontinents erstreckten. Klettern, aber nicht Hangeln, gehörte zu den gemeinsamen Grundmerkmalen der modernen Menschenaffen. Daher haben unsere Vorfahren nie „auf den Bäumen" gelebt, sondern waren Vierbeiner, die sich aufrichten und wahrscheinlich auch kurzzeitig stehen konnten.

Aufgrund weltweiter Klimaabkühlung seit dem Mittel-Miozän vor etwa 10 Ma (= Millionen Jahren) schrumpfte der tropische Regenwald, sodass einige Menschenaffenpopulationen neu die entstehenden afrikanischen Savannen besiedelten. Die früchtereiche Nahrung des tropischen Regenwaldes wurde teilweise durch aquatische Nahrung ersetzt. Da Menschenaffen nicht schwimmen können, wateten sie bei der Nahrungssammlung durch seichte Gewässer, wodurch langfristig der zweibeinige Gang weiter stabilisiert wurde. Uferzonenhabitate in der Savanne waren somit das ideale Entstehungsgebiet für den aufrechten Gang.

Bei einer Ausdehnung der Savannen von mehr als 5 Millionen km^2 ist es unwahrscheinlich, dass der aufrechte Gang nur einmal entstand. Tatsächlich liefern alle Funde aus dieser Zeit (Kenia, *Orrorin*, circa 6 Ma, Äthiopien, *Ardipi-* *Abb. 2*

1 Um auch die kleinsten Knochen zu finden, wird das Sediment einer Fundstelle in Malawi gesiebt.

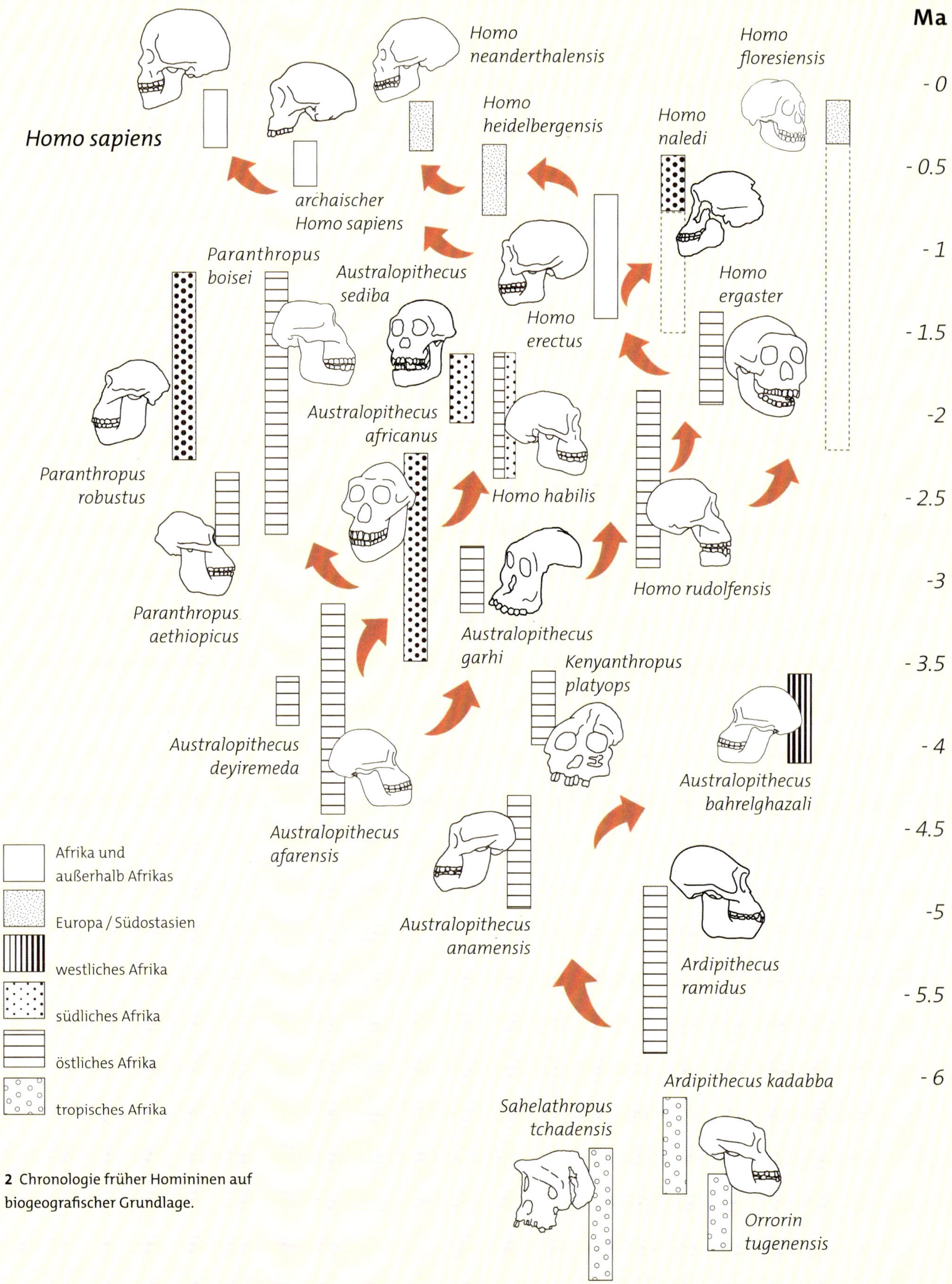

2 Chronologie früher Homininen auf biogeografischer Grundlage.

thecus, circa 5,8 Ma, und Tschad, *Sahelanthropus*, circa 7 Ma) Hinweise auf den aufrechten Gang. Die geografischen Varianten der Ursprungspopulationen der frühesten Homininen waren entlang der Grenzen des schrumpfenden tropischen Regenwaldes miteinander verflochten. Auch die Reduktion der Eckzähne ist ein frühes Merkmal am Ursprung der Homininen. Dies lässt auf ein deutlich verändertes Sozialverhalten schließen, bei dem sich soziale Kognition und höhere Formen der Kooperation entwickelten.

Vormenschen im östlichen und westlichen Afrika

Die ältesten Funde von Vormenschen der Gattung *Australopithecus* stammen vom Südostufer des Turkanasees in Kenia (*Australopithecus anamensis*, circa 4 Ma). Alle Australopithecinen besaßen ein Gehirn nicht größer als bei Schimpansen, große Backenzähne und dicken Zahnschmelz. Bezahnung und Kiefer waren dazu geeignet, harte und spröde Nahrung zu zerkauen oder kleine Partikel, wie zum Beispiel Nüsse und andere Samen, zwischen ihren flachen, breiten Backenzähnen zu zerquetschen. *Abb. 3*

Da weder Körperbau noch kulturelle Errungenschaften eine effektive Verteidigung erlaubten, übernahm ein ausgeprägtes kooperatives Sozialverhalten die entscheidende Schutzfunktion vor Beutegreifern. Australopithecinen-Funde aus Laetoli (Tansania) und aus Hadar (Äthiopien) wurden gemeinsam der Beschreibung von *Australopithecus afarensis* zugrunde gelegt (3,7–2,9 Ma). *Australopithecus afarensis* (zum Beispiel „Lucy") war circa 30 bis 50 kg schwer und etwa 1,20 m groß. Die Arme waren relativ lang, die Beine im Vergleich zum modernen Menschen sehr kurz. Der vollständig entwickelte aufrechte Gang war demnach noch recht kraftaufwendig. *Abb. 4*

Der Nahrungserwerb dürfte relativ unspezialisiert gewesen sein: Früchte, Beeren, Nüsse, Samen, Schösslinge, Knospen und Pilze standen zur Verfügung. Unterirdische Wurzeln und Knollen konnten ausgegraben werden. Im Wasser und am Boden lebende kleine Reptilien, Jungvögel, Eier, Weichtiere, Insekten und kleine Säugetiere wurden ebenfalls nicht verschmäht. Aufgrund jahreszeitlicher Wechsel dürfte *Australopithecus afarensis* Strategien entwickelt haben, das vielfältige Nahrungsangebot entsprechend der Verfügbarkeit in einem saisonalen Lebensraum opportunistisch und bestmöglich auszunutzen.

Die Vormenschen erreichten nach und nach eine panafrikanische Verbreitung, allerdings wurde stets eine Verbindung zu den breiten Flussuferzonenhabitaten beibehalten. Im östlichen Afrika entstanden *Australopithecus deyiremeda*, *Australopithecus garhi* und *Kenyanthropus platyops*. Eine Teilpopulation expandierte bis in das Gebiet des heutigen Tschad (*Australopithecus bahrelghazali*).

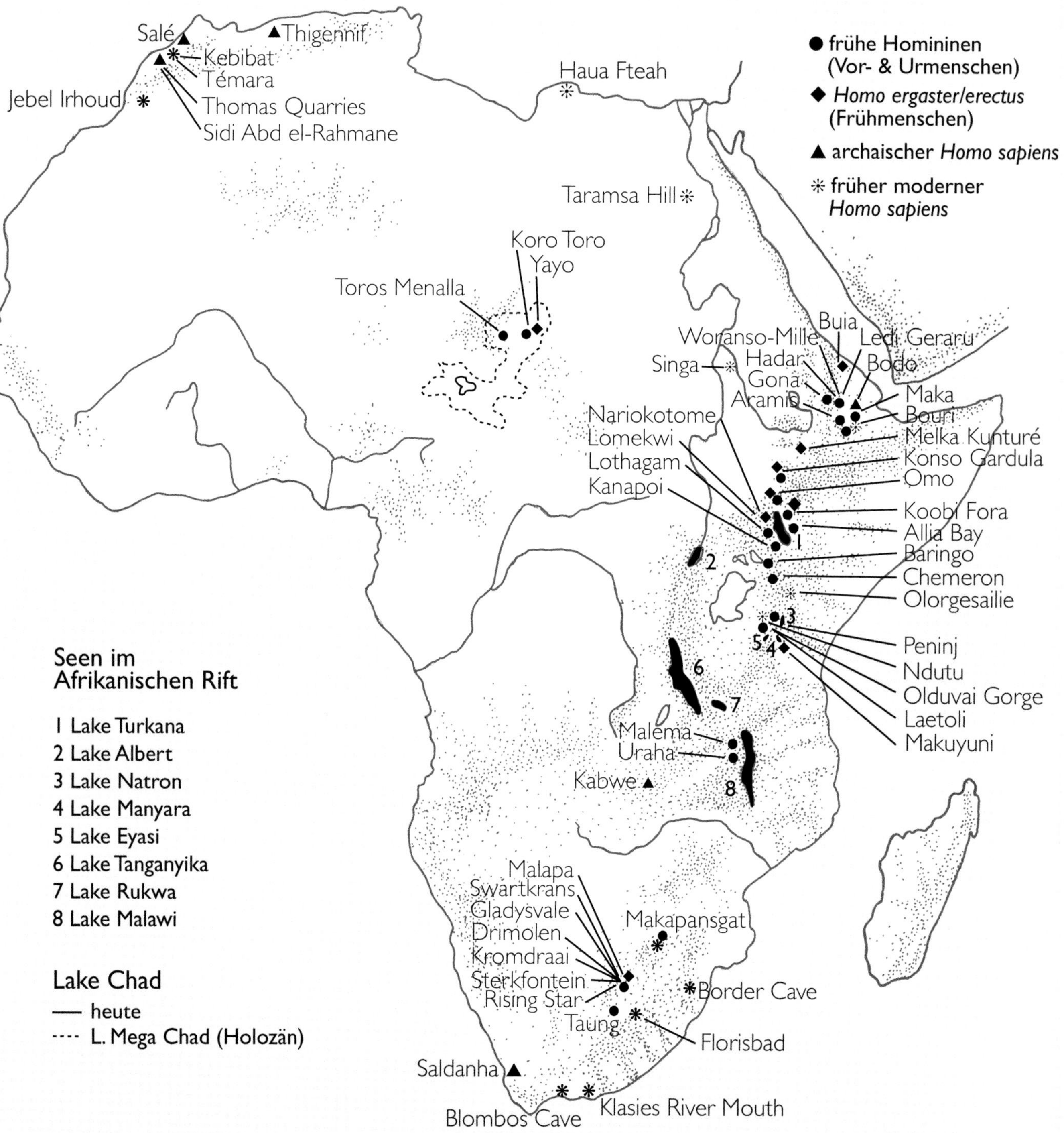

3 Wichtige Homininen-Fundstellen in Afrika.

Vormenschen im südlichen Afrika

In Zeiten relativ warmen Klimas vor circa dreieinhalb bis drei Millionen Jahren breiteten sich Vormenschenpopulationen entlang von Uferzonen-Korridoren auch in das südliche Afrika aus. Der erste Fund eines Homininen in Afrika („Taung Baby", 1925) führte zur Erstbeschreibung der Gattung *Australopithecus*. Die Mundregion springt vor, das Gesicht ist leicht schräg gestellt (*Prognathie*). Die Stirn ist wenig, der Überaugenwulst deutlich entwickelt. Die seitlichen Jochbeine sind kräftig ausladend, der Kiefer ist robust, ein Kinn fehlt. Charakteristisch ist die Kombination eines kleinen Hirnschädels (circa 450 cm^3) mit einem Gebiss, in dem die Schneide- und Eckzähne winzig erscheinen, die Backen- und Vorbackenzähne aber fast doppelt so groß sind wie bei heutigen Menschen.

Die Lebensbereiche von *Australopithecus africanus* im südlichen Afrika waren Waldrandgebiete, oft in der Nähe von Flussläufen. Da es keine Anzeichen für Jagdverhalten gibt, wurden kleinere Tiere oder frischgerissenes Wild verspeist. Vermutlich vertrieben Vormenschen Beutegreifer kooperativ und gezielt, etwa durch Steinewerfen. Vormenschen ernährten sich in opportunistischer Manier von allem, dessen sie habhaft werden konnten, mit wechselnden Pflanzen- und Fleischanteilen entsprechend der Jahreszeit. *Abb. 2*

Auslöser Klimawandel: Expansion, Evolution, Kultur

Eine Phase globaler Abkühlung begann vor circa 2,8 Millionen Jahren. Ungefähr 15.000 Generationen lang, bis vor circa zweieinhalb Millionen Jahren, lebten Vormenschen in zunehmend extremeren Klima- und Umweltverhältnissen, die zu einer tiefgreifenden Änderung der Nahrungsgrundlagen und zu einer geografischen Verlagerung der Lebensräume führte. Hieraus resultierten passive Expansionen und evolutive Adaptationen ebenso wie der Beginn der biokulturellen Evolution der Gattung *Homo*.

Passive Expansion: Manche Organismen behielten ihre Vorliebe für jahreszeitliche Änderungen dadurch bei, dass sie zusammen mit dem schrumpfenden Biom (Ökosystem) äquatorwärts expandierten. Unter diesen „passiven Migranten" waren auch Teilpopulationen von *Australopithecus africanus*, die sich entlang von Uferzonenkorridoren nach Norden ausbreiteten. Durch höhere Flexibilität des Verhaltens in dem neuen Lebensraum entstand *Homo habilis*.

Evolutive Adaptation: Einige Populationen von *Australopithecus afarensis* des östlichen Afrikas waren in der Lage, mit ihren Backenzähnen härtere Nahrung aufzuschließen, die in den offenen Lebensräumen reichlich zur Verfügung stand. Sie entwickelten einen breiten Gesichtsschädel und eine *megadonte* (übergroße) Bezahnung. Die Jochbögen waren kräftig und weit ausladend. Auf-

4 Skelettvergleich früher Homininen.

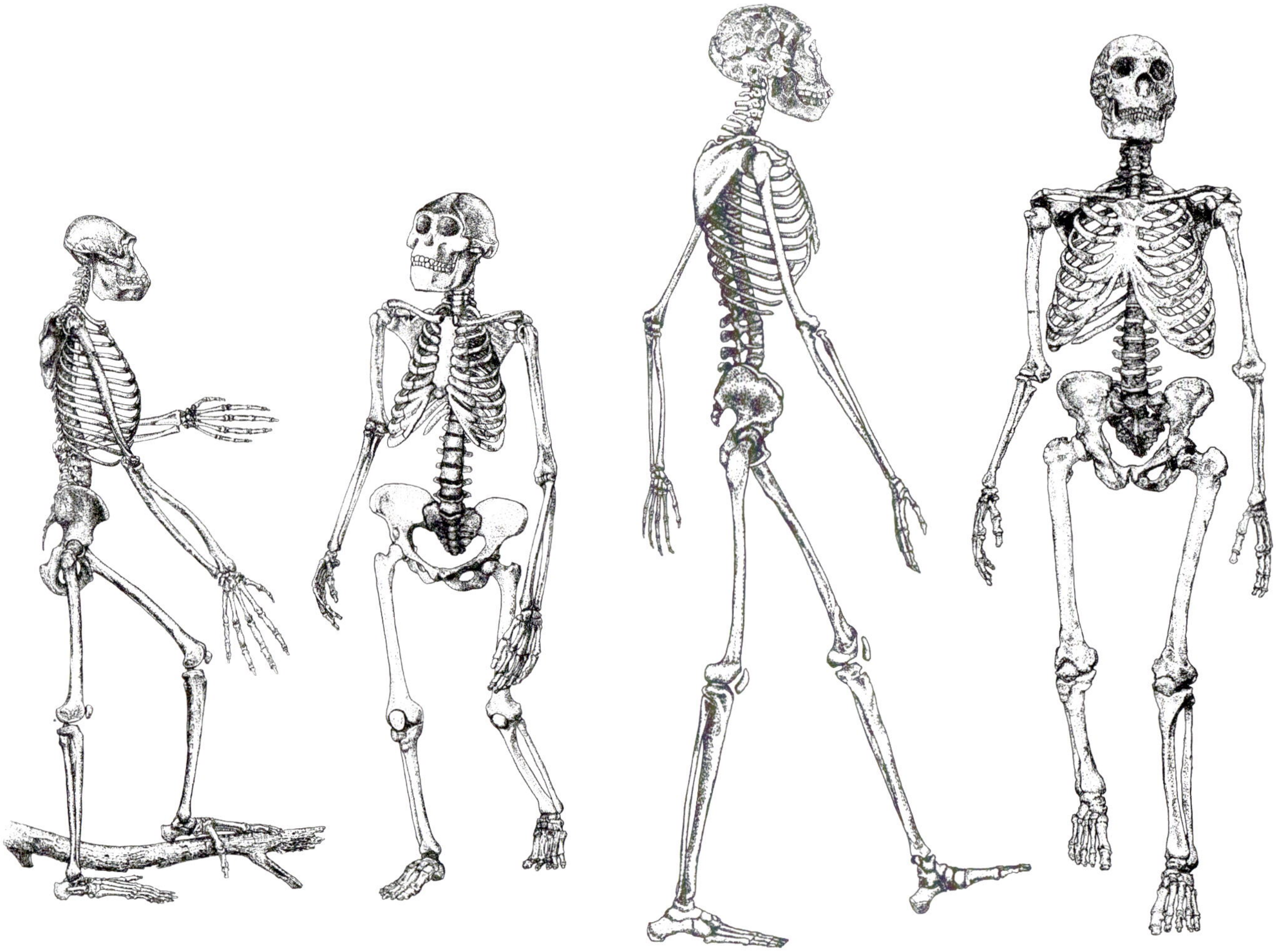

Rekonstruktion
Ardipithecus ramidus
Größe: circa 1,20 m
Alter: circa 4,4 Millionen Jahre

Rekonstruktion von Lucy
Australopithecus afarensis
Größe: circa 1,20 m
Alter: circa 2,9 Millionen Jahre

Früher afrikanischer
Homo erectus
(Homo ergaster)
„Turkana Boy", Skelett KNM-WT 15000 aus Nariokotome, West-Turkana, Kenya
Größe: circa 1,70 m
Alter: circa 1,7 Millionen Jahre

Homo neanderthalensis
Skelett-Rekonstruktion, unter Verwendung von La Ferrassie 1 (Frankreich) und Kebara 1 (Israel)
Größe: circa 1,60 m
Alter: circa 70.000 – 60.000 Jahre

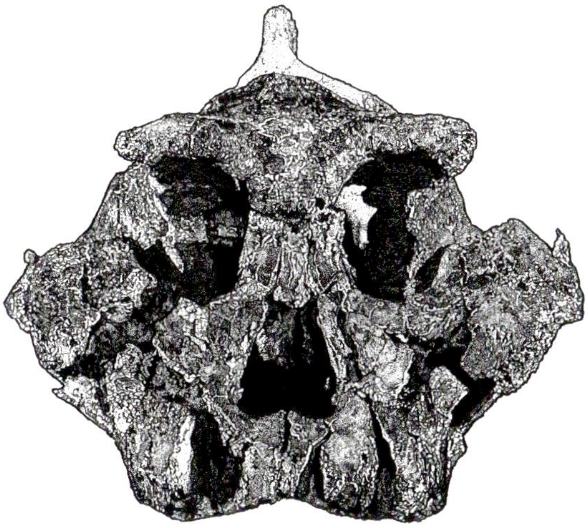

Paranthropus aethiopicus
(Black skull, KNM-WT 17000)

5 cm

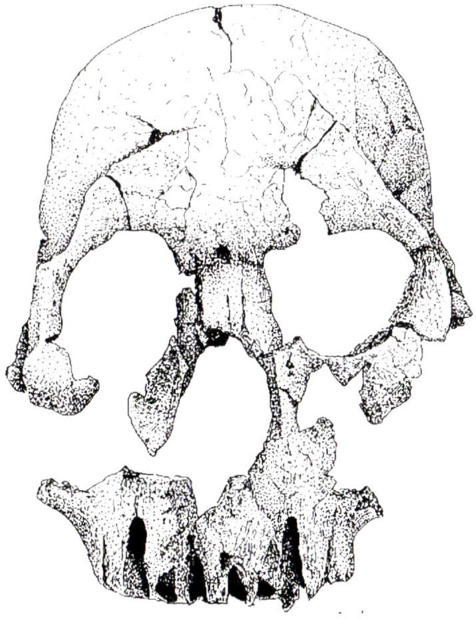

5 Aufspaltung und Koexistenz neuer Arten im Homininen-Stammbaum seit circa 2,5 Millionen Jahren.

Homo rudolfensis
(KNM-ER 1470)

fällig ist die Ausbildung eines Scheitelkammes an der Oberseite des Schädels als Ansatzstelle der stark vergrößerten seitlichen Kaumuskulatur (*Musculus temporalis*). Ihre megadonten Backenzähne zeigen, dass vor allem harte und grobe pflanzliche Nahrung, zum Beispiel Samen und harte Pflanzenfasern, zerkaut wurden. Die Fähigkeit zum Aufbrechen harter Schalen könnte auch beim Verzehr aquatischer Nahrung (zum Beispiel Muscheln) von Vorteil gewesen sein. Die robusten „Nussknackermenschen" *aethiopicus, boisei* und *robustus* werden in der Gattung *Paranthropus* zusammengefasst. *Abb. 5*

Biokulturelle Evolution: Zum hyperrobusten Kauapparat gab es jedoch eine Alternative, die ebenfalls dazu geeignet war, die zunehmend härtere Nahrung zu zerkleinern: die Nutzung von Werkzeugen. Unter dem Druck der Habitatveränderungen seit 2,8 Millionen Jahren, war es die Fähigkeit der Homininen zu kulturellem Verhalten, das die Gattung *Homo* entstehen ließ. Die ältesten Urmenschen gehören zur Art *Homo rudolfensis*. Diese Urmenschen gewannen durch den systematischen Einsatz von Steinen zur Zerkleinerung der harten Pflanzennahrung eine zunehmende Unabhängigkeit von direkten Umwelteinflüssen. Diese führte jedoch zwangsläufig zu einer wachsenden Abhängigkeit von den Werkzeugen – bis heute ein charakteristisches Merkmal der Menschen.

6 Expansionen und wichtige Fundstellen der Gattung *Homo* in Europa, Afrika und Asien.

EUROPA

Atapuerca: Gran Dolina
Schädelfragment und Oberkiefer
Homo antecessor
Alter circa 800.000 Jahre
Spanien

Atapuerca: Sima de los Huesos
Schädel 5
Homo heidelbergensis
Alter circa 400.000 Jahre,
Spanien

Mauer: Mauer 1
Unterkiefer
Homo heidelbergensis
Alter circa 600.000 Jahre
Deutschland

Petralona: Schädel
Homo erectus und *heidelbergensis*
Alter circa 300.000 Jahre
Griechenland

Arago: Arago 21,
Schädel
Homo erectus und *heidelbergensis*
Alter circa 400.000 Jahre
Frankreich

Steinheim:
Schädel
Homo heidelbergensis und *steinheimensis*
Alter circa 350.000 Jahre
Deutschland

Gibraltar: Gibraltar 1
Schädel
Homo neanderthalensis
Alter circa 25.000 Jahre
Großbritannien

AFRIKA und Levante

Uraha: UR 501
Unterkiefer
Homo rudolfensis
Alter circa 2,5 Millionen Jahre,
Malawi

W-Turkana: KNM-WT 15000
Skelett
Homo ergaster
Alter circa 1,7 Millionen Jahre
Kenia

E-Turkana: KNM-ER 1470
Schädel
Homo rudolfensis
Alter circa 2 Millionen Jahre
Kenia

Olduvai: OH 9
Schädelkalotte
Homo erectus
Alter circa 1 Million Jahre
Tansania

Bodo: Bodo cranium
Schädel
archaischer *Homo sapiens*
Alter circa 600.000 Jahre
Äthiopien

Kabwe: Broken Hill 1
Schädel
archaischer *Homo sapiens* und *Homo rhodesiensis*
Alter circa 300.000 Jahre
Sambia

Jebel Irhoud:
virtuelle Schädel-Rekonstruktion
Homo sapiens
Alter circa 300.000 Jahre
Marokko

Qafzeh: Qafzeh IX
Schädel
Homo sapiens
Alter circa 95.000 Jahre
Israel

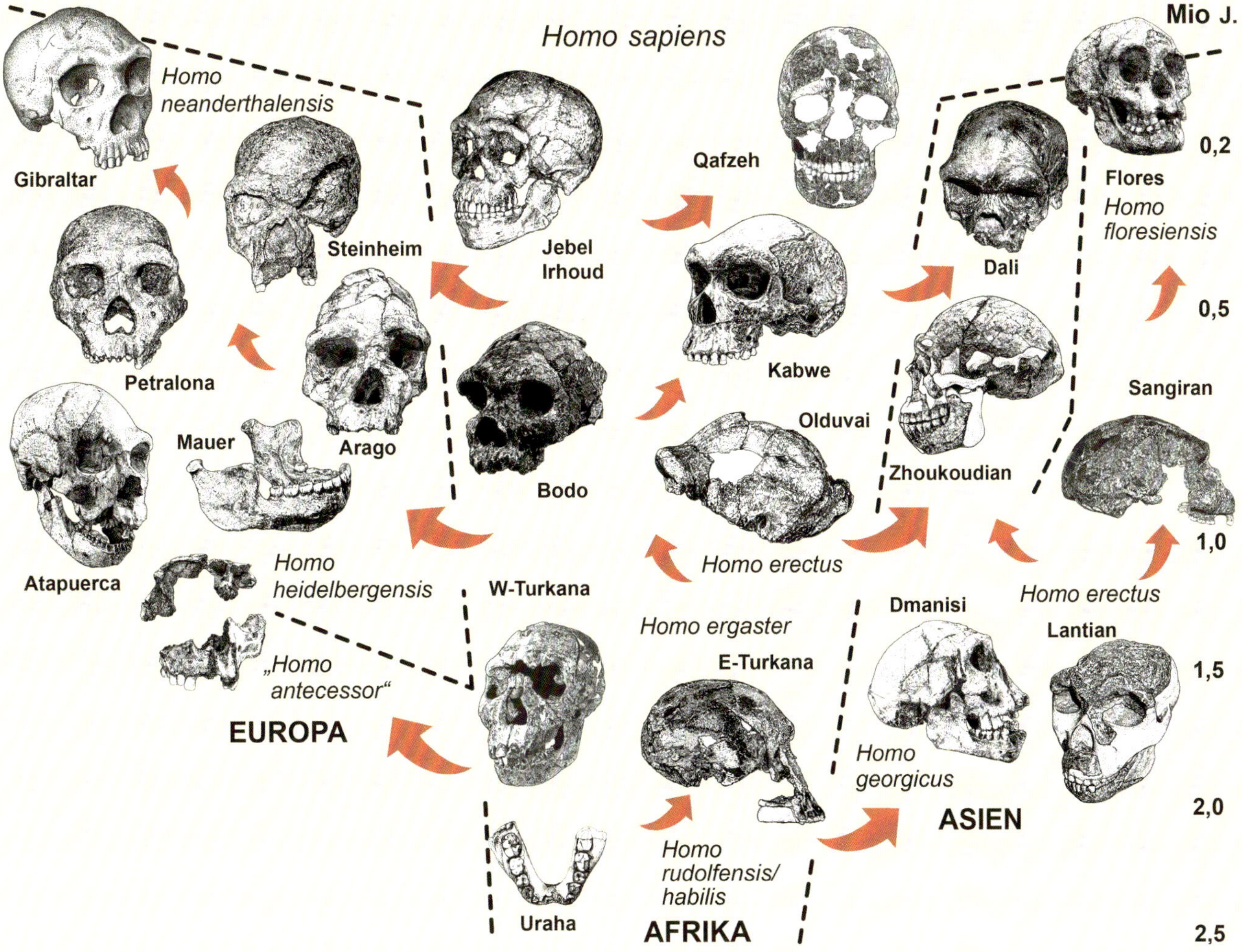

ASIEN

Lantian: Gongwangling
Schädel
Rekonstruktion
Homo erectus
Alter circa 2 Millionen Jahre
China

Dmanisi: D 2700 & D 2735
Schädel und Unterkiefer
Homo georgicus
Alter circa 1,8 Millionen Jahre
Georgien

Sangiran: Sangiran 17
Schädel
Homo erectus
Alter nicht bestimmbar
Indonesien

Zhkoudian:
Schädel-Rekonstruktion
Sinanthropus pekinensis und
Homo erectus
Alter circa 600.000 Jahre
China

Dali: Dali skull
Schädel
archaischer *Homo sapiens*
Alter circa 280.000 Jahre
China

Flores: Liang Bua (LB) 1
Schädel
Homo floresiensis
Alter circa 50.000 Jahre
Indonesien

Frühmenschen: *Homo erectus*

In Afrika begann vor circa zwei Millionen Jahren die Entwicklung zu einem kräftigeren und größeren Skelett und massiven Knochenbau, den typischen Merkmalen von *Homo erectus*. Die ältesten fossilen Reste mit einem Alter von zwei bis anderthalb Millionen Jahren wurden als *Homo ergaster* beschrieben. Das Hirnschädelvolumen nahm allmählich zu, die Proportionen des Hirn- und Gesichtsschädels veränderten sich. Der Ansatzpunkt der Wirbelsäule und des Rückenmarks (*Foramen magnum*) verlagerte sich tiefer unter den Schädel, der Bau des Kiefergelenkes veränderte sich und die rundlichere Zahnbogenform bildete sich heraus. Der massive Knochenbau zeigt, dass *Homo erectus* hohe Kraft und Ausdauer beim Tragen von Material und Nahrung aufbrachte. Diese Frühmenschen konnten rennen. Vermutlich sind Haarlosigkeit und die Schweißdrüsen ebenfalls während der *Homo erectus*-Phase entstanden.

Abb. 3

Die Fingerknochen sind gestreckt und nicht mehr zum Klettern geeignet. Im Gegensatz zum „Kraftgriff" (*power grip*) der Menschenaffen, die ein Objekt mit den Fingern und dem Daumen nur umklammern können, ist ein „Präzisionsgriff" (*precision grip*) möglich. Durch die Verkürzung der Finger und die größere Flexibilität des Daumens lässt sich dieser den anderen Fingern so gegenüberstellen (opponieren), dass sich die Fingerspitzen berühren. Mit einer exakt gesteuerten Kraft gelingt es, dazwischen befindliche Objekte präzise zu manipulieren.

Das Hirnvolumen beträgt bei den ältesten Funden circa 800 bis 900 cm^3. Vor einer Million Jahren wurden Werte von etwa 900 bis 1.000 cm^3 erreicht, vor einer halben Million Jahren über 1.100 bis 1.200 cm^3. Das leistungsfähigere Gehirn verbesserte die Speicherung und Verarbeitung komplexer Zusammenhänge. Direkte Hinweise auf Sprache gibt es bei *Homo erectus* nicht. Aufgrund der Fähigkeit zur Herstellung von mit viel Erfahrung und Kenntnisreichtum entwickelten Werkzeugen kann von zunehmender verbaler Kommunikation ausgegangen werden. Die Deckung des durch die Gehirngröße erhöhten Energiebedarfs setzte eine omnivore Lebensweise mit hohem Fleischanteil voraus. Eine Möglichkeit, pflanzliche Nahrung effizient zu verdauen, ist die Nutzung von Feuer. Die frühesten Hinweise auf den kontrollierten Umgang mit Feuer stammen aus Koobi Fora, Kenia (circa 1,5 Ma). Die Kontrolle des Feuers ist eine technische und gleichermaßen gesellschaftlich und vorausschauend zu regelnde Aufgabe (siehe Beitrag Giemsch Feuer in diesem Band). Man kann für *Homo erectus* ein gut funktionierendes Sozialgefüge annehmen.

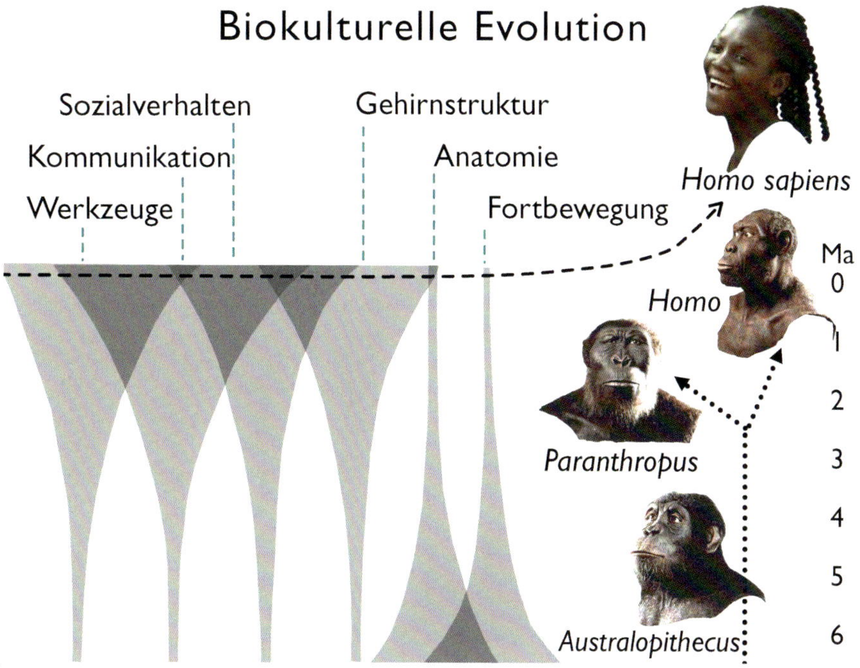

7 Wichtige Evolutionsmerkmale des Menschen. Die Breite der Pfeiler entspricht dem Ausmaß der Veränderungen der Merkmale während der letzten 7 Millionen Jahre.

Früheste Expansionen ‚Out of Africa'

Homo erectus hatte gute Kenntnisse über die Landschaft und die Verfügbarkeit von Ressourcen. Dies führte zu einer effizienten Nutzung der saisonalen Ressourcen und zu größeren Bewegungsradien. Seine Fähigkeit, Pflanzen- und Fleischressourcen zu kombinieren, gab ihm lange vor der Nutzung von Feuer eine hohe Flexibilität. Die hohe Toleranz gegenüber Habitatunterschieden führte zur Aufspaltung in weit voneinander entfernt lebende Gruppen. Flusstäler erlaubten ein rasches Vordringen. Expansionen entlang von Meeresküsten boten die Möglichkeit zum Sammeln von Mollusken-Nahrung. Expansionen von wenigen Kilometern pro Generation führten in kurzen geologischen Zeiträumen zur Besiedlung neuer Lebensräume.

Vor circa zwei Millionen Jahren verließen Frühmenschen erstmals Afrika, wahrscheinliche Routen sind die Levante und die arabische Halbinsel. Spuren frühester Besiedlungen finden sich in China (2,1 Ma), Pakistan und im Kaukasus (Dmanisi, 1,8 Ma). Funde in Italien haben ein Alter von 1,7 bis 1,3 Millionen Jahre, in Spanien 1,4 bis 1,2 Millionen Jahre. Mit der Zunahme kultureller Fähigkeiten war eine Ausbreitung über Lebensraumgrenzen hinweg möglich, etwa nach Südostasien (circa 1,5 Ma) und auf die Philippinen (circa 700.000 Jahre). *Abb. 6*

Vor spätestens 500.000 Jahren war *Homo erectus* in Ost- und Südostasien sowie in Mittel- und Südeuropa weit verbreitet. Während sich diese geografischen Varianten zu eigenständigen Arten weiterentwickelten (zum Beispiel

Neandertaler in Europa, Denisova-Menschen in Asien) führte in Afrika vor circa 400.000 Jahren ein Synergie-Effekt unterschiedlicher Faktoren biologischer und kultureller Evolution, wie Werkzeugkultur, Kommunikation, Sozialverhalten, Gehirnstruktur und Körperbau zur Entstehung moderner Menschen. Die Tradierung von Wissen und kultureller sowie genetischer Austausch waren die entscheidenden Voraussetzungen für Innovationen und die weltweite Ausbreitung von *Homo sapiens*. Daher wird die heutige Abschottung von Wohlstandsregionen – in vielen Generationen gedacht – nicht erfolgreich sein. Angesichts globaler Herausforderungen wie zum Beispiel gravierender Biodiversitäts- und Klimaänderungen, kann nur die globale Vernetzung unser Überleben sichern, wie es sich in unserer langen Geschichte immer wieder gezeigt hat.

Abb. 7

Weiterführende Literatur

Bonnefille, R. 2010 Cenozoic vegetation, climate change and hominid evolution in tropical Africa. Global and Planetary Change 72(4), 2010, 390–411. https://doi.org/10.1016/j.gloplacha.2010.01.015

Dean, C./Leakey, M.D./Reid, D./Schrenk, F./Schwartz, G.T./Stringer, C./Walker, A. 2001 Growth processes in teeth distinguish modern humans from *Homo erectus* and earlier hominins. Nature 414, 2001, 628–631. https://www.nature.com/articles/414628a

Ingicco, T./van den Bergh, G.D./Jago-on, S.C.B./Bahain, J.J./Chacón, M.G./Amano, N./Forestier, H. et al. 2018 Earliest known hominin activity in the Philippines by 709 thousand years ago. Nature 557, 2018, 233–237. https://doi.org/10.1038/s41586-018-0072-8

Lordkipanidze, D./Ponce de León, M.S./Margvelashvili, A./Rak, Y./Rightmire, G.P./Vekua, A./Zollikofer, C.P.E. 2013 A complete skull from Dmanisi, Georgia, and the evolutionary biology of early *Homo*. Science 342, 2013, 326–331. https://doi.org/10.1126/science.1238484

Lüdecke, T./Schrenk, F./Thiemeyer, H./Kullmer, O./Bromage, T.G./Sandrock, O./Fiebig., J./Mulch, A. 2016 Persistent C_3 vegetation accompanied by Plio-Pleistocene hominin evolution in the Malawi Rift (Chiwondo Beds, Malawi). Journal of Human Evolution 90, 2016, 163–175. https://doi.org/10.1016/j.jhevol.2015.10.014

Maslin, M.A./Shultz, S./Trauth, M.H. 2015 A synthesis of the theories and concepts of early human evolution. Philosophical Transactions of the Royal Society B Biological Sciences 370, 2015, 2014–2064. https://doi.org/10.1098/rstb.2014.0064

Potts, R. 2013 Hominin evolution in settings of strong environmental variability. Quaternary Science Reviews 73, 2013, 1–13. https://doi.org/10.1016/j.quascirev.2013.04.003

Ring, U./Schrenk, F./Albrecht, C. 2018 The East African Rift System: tectonics, climate and biodiversity. In: Hoorn, C.,/Perrigo, A.,/Antonelli, A. (Hg.), Mountains, climate and biodiversity, (Chichester 2018) 391–411.

Schrenk, F. 2019. Die Frühzeit des Menschen, 5. Aufl., (München 2019).

Weston, E./Friday, A.E./Johnstone, R.A./Schrenk, F. 2004 Wide faces or large canines? The attractive versus the aggressive primate. Proceedings of the Royal Society of London B 271(6), 2004, 416–419. https://doi.org/10.1098/rsbl.2004.0203

Australopithecus afarensis

Steckbrief

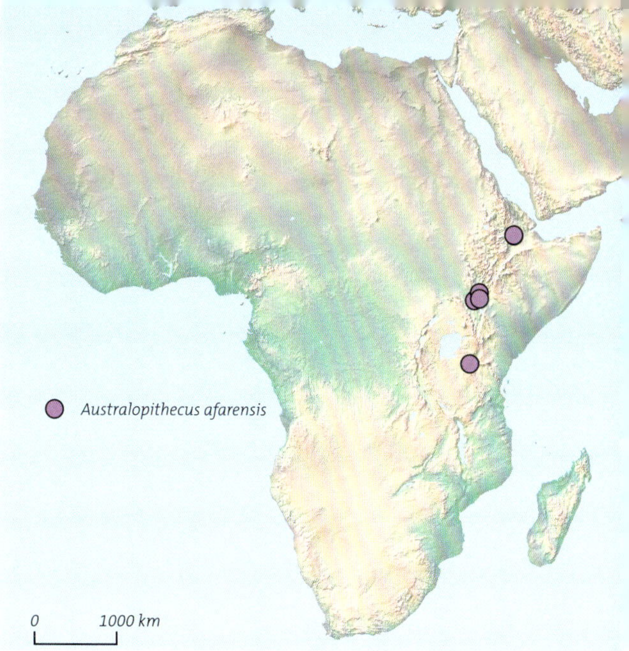

Entdeckung:

Louis Leakey entdeckte bereits 1935 in Laetoli (Tansania) erste Fossilreste. Die Klassifikation des Fundes als *Australopithecus afarensis* erfolgte jedoch erst 1979.

Fundort:

Tansania: Laetoli.

Äthiopien: Hadar, Maka, Dikika, Aramis, Mount Galili.

Kenia: Turkwel River.

Funde:

Linker unterer Eckzahn, unvollständiges Skelett („Lucy"), Kinderskelett von Dikika und weitere Hand-, Fuß- und Extremitätenknochen sowie die Fußspuren von Laetoli.

Alter:

3,76–2,92 Millionen Jahre.

Gehirnvolumen:

450–550 cm^3.

Merkmale:

Australopithecus afarensis lebten vorwiegend in einer sogenannten Mosaik-Landschaft (Graslandschaft mit vereinzelten Bäumen, geschlossenen Busch- und Baumbeständen an Wasserläufen und Gebirgstälern). Sie erreichten eine Größe von circa 1,20–1,40 m und wogen 20–50 kg. Dieses Gewicht entspricht dem eines heutigen Zwergschimpansen. Ihre Ernährung beruhte vor allem auf Früchten, Blättern, Pflanzenmark, Samen und Kräutern.

Aufgrund der Winkelung des Kniegelenks wird angenommen, dass sie sich aufrecht fortbewegen konnte. Die Anatomie der Finger- und Zehenknochen, die im Verhältnis zu Affen kürzer sind, lässt ein Leben am Boden annehmen. Vermutlich lebten sie vorzugsweise am Boden, zogen sich aber zum Fressen auf Bäume zurück.

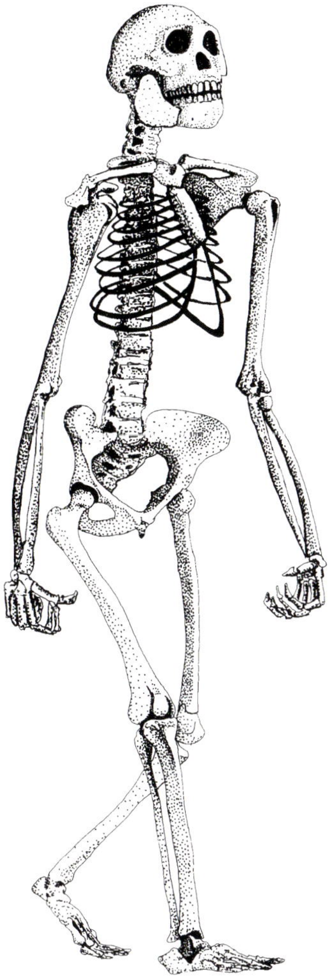

Rekonstruktion von Lucy

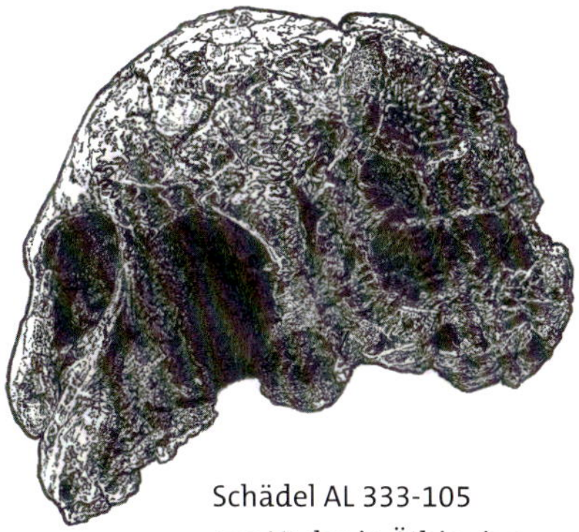

Schädel AL 333-105
aus Hadar in Äthiopien

Gesichtsrekonstruktion

MK 68
GOM IB

Michael Bolus

Die früheste Stufe menschlicher Steintechnologie: Das Oldowan

Einleitung

Das Oldowan gehört in den älteren Teil des afrikanischen Early Stone Age, jener frühesten Entwicklungsstufe menschlicher Steintechnologie, die in Deutschland als ‚Altpaläolithikum' bezeichnet wird. Benannt ist sie nach der Olduvai-(früher auch Oldoway-)Schlucht in Tansania, deren urgeschichtliche Erforschung vor allem mit dem Ehepaar Mary und Louis Leakey verbunden ist. So machte L. Leakey im Dezember 1931 erstmals die Entdeckung einer einfachen Steinindustrie in Bed I der Olduvai-Schlucht publik, damals noch unter der Bezeichnung ‚Pre-Chellean'. Der Name Oldowan wurde von ihm erst 1936 erstmals verwendet. Die umfangreichen Forschungen der Leakeys in der Olduvai-Schlucht brachten immer weitere Fundschichten mit Artefakten des Oldowan zum Vorschein, und es waren in der Folge vor allem die Analysen M. Leakeys, besonders in Bed I und Bed II von Olduvai, die uns eine Gliederung und ein besseres Verständnis des Oldowan lieferten.

Bis vor wenigen Jahren galt das Oldowan mit einem Alter von etwa 2,6 Millionen Jahren als älteste Stufe der Werkzeugherstellung, doch gibt es nach jüngeren Ausgrabungen in Kenia noch ältere Artefakte. Ab etwa 1,8 Millionen Jahren existierte das Oldowan in Afrika parallel zum Acheuléen, das vor allem durch beidflächig bearbeitete Geräte wie Faustkeile charakterisiert ist, die im Oldowan fehlen (siehe Beitrag Giemsch Acheuléen in diesem Band). Da bearbeitete Gerölle einen auffälligen Bestandteil der Oldowan-Inventare bilden, wird oft von *Abb. 1* einer ‚Geröllgeräte'-Industrie gesprochen, in Anlehnung an Grahame Clark auch als Mode I-Industrie bezeichnet. Mittlerweile wissen wir, dass die von diesen Geröllen abgetrennten Abschläge mindestens ebenso wichtig waren. Vor diesem Hintergrund sind die bearbeiteten Gerölle weniger als Geräte, sondern eher als Kerne zu sehen. Das schließt natürlich nicht aus, dass sie darüber hinaus auch als grobe Werkzeuge benutzt wurden.

1 Verschiedene Ansichten eines Chopping Tools aus Melka Kunture, Äthiopien.

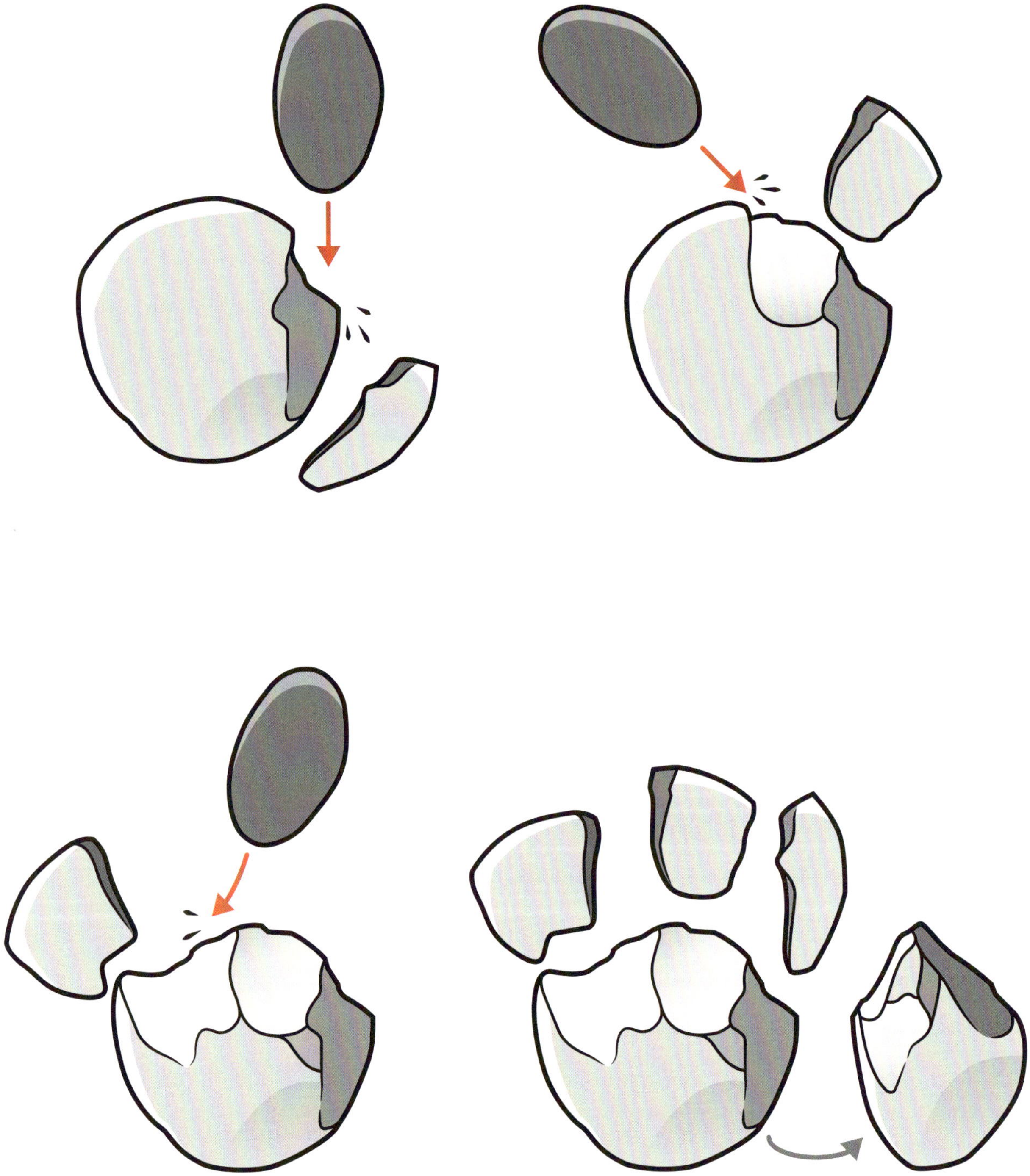

2 Herstellungsschema eines Oldowan-Gerätes mit Abschlägen.

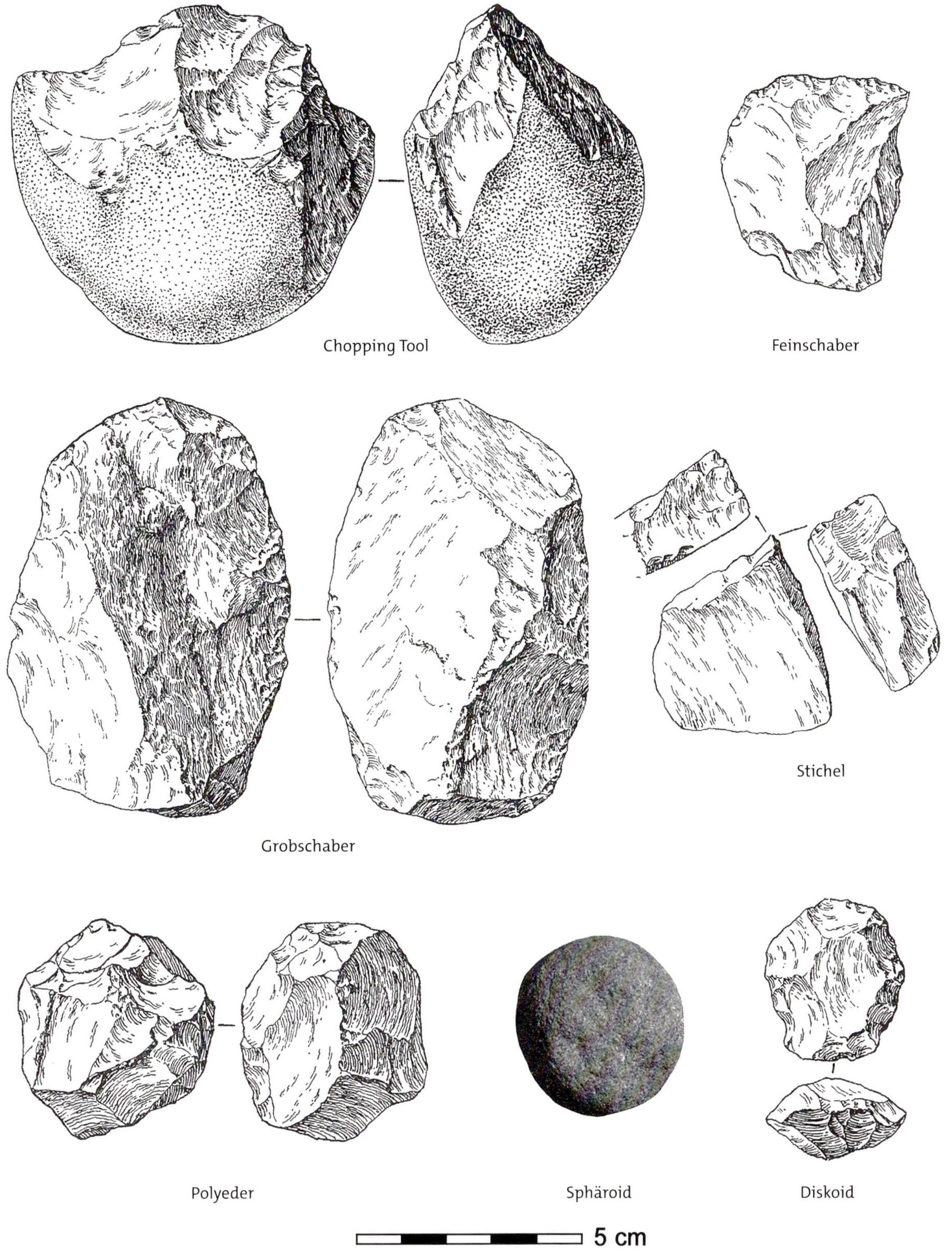

3 Charakteristische Gerätetypen des Oldowan.

Vor dem Oldowan: Das Lomekwian

Ab 2011 fand sich an der Fundstelle Lomekwi 3 im Gebiet West Turkana in Kenia eine ganze Anzahl an Steinartefakten, die etwa 3,3 Millionen Jahre alt sind, also circa 700.000 Jahre älter als das früheste Oldowan. Die Herstellungstechniken waren einfach: Einerseits wurde das zu bearbeitende Gestein beidhändig mit viel Kraft auf einen Amboss geschlagen, andererseits wurde das Stück mit einer Hand auf einem Amboss gehalten und mit der anderen Hand mittels Schlagstein senkrecht auf dieses Stück geschlagen (bipolare Technik). Beide Techniken sind im Oldowan nur sehr selten nachzuweisen. Da sich auch sonst das Inventar von Lomekwi 3 klar von solchen des Oldowan unterscheidet, wurde als neuer Name ‚Lomekwian' vorgeschlagen. Typisch für das Lomekwian sind im Wesentlichen grobe, oft große Kerne, große Abschläge sowie Schlaginstrumente und als Ambosse benutzte schwere Steinblöcke.

Abb. 4

Charakteristika des Oldowan

Im Gegensatz zum Lomekwian finden wir im Oldowan eine zielgerichtetere Grundformproduktion, die sogar eine serielle Gewinnung von Abschlägen beinhalten kann. Meist wird das Rohstück frei in einer Hand gehalten, während die andere Hand aktiv durch Schläge mit dem Schlagstein Abschläge von diesem Rohstück (Kern) abtrennt. Retuschierte Formen sind im Oldowan allgemein sehr selten. Rohmaterialien wurden in der Regel in der Umgebung beschafft, jedoch zeigt sich, dass dabei bestimmte Gesteine mit besseren Schlageigenschaften bewusst häufiger Verwendung fanden als andere.

Abb. 2

Es gibt verschiedene Systeme zur Klassifikation der Oldowan-Artefakte. Hier wird im Wesentlichen dem System gefolgt, das M. Leakey 1971 für die Funde aus der Olduvai-Schlucht angewendet hat.

Abb. 3

- Die typischen ‚Geröllgeräte' des Oldowan sind **Chopper** und **Chopping Tools**. Während bei den Choppern durch das Abschlagen eines oder mehrerer Abschläge eine einseitig bearbeitete Kante angelegt ist, sind bei den Chopping Tools die Kanten beidseitig bearbeitet.
- Ein **Polyeder** ist ein eckiges Geröllgerät mit drei oder mehr Arbeitskanten, die sich in der Regel schneiden. Nach Schick und Toth handelt es sich um stark reduzierte Kerne.
- Bei einem **Diskoid** handelt es sich um ein flaches Kerngerät mit meist linsenförmigem beziehungsweise D-förmigem Querschnitt, bei dem umlaufend oder fast umlaufend eine zweiseitig geschlagene, gezackte Arbeitskante herausgearbeitet wurde.

- Unter die **Sphäroide** fallen beschlagene kugelförmige Geröllgeräte, bei denen die herausstehenden Grate gar nicht oder nur ansatzweise entfernt wurden. Seltener sind Steinkugeln, die auf der ganzen Oberfläche grob geglättet sind.
- Der **Stichel**, eigentlich ein typisch jungpaläolithisches, gelegentlich mittelpaläolithisches Werkzeug, ist im Kontext des Oldowan ein Gerät, bei dem, von einer halbwegs glatten Fläche aus, mittels eines Schlages oder mehrerer Schläge Negative nahezu im rechten Winkel zur Hauptebene erzeugt wurden.
- **Grobschaber** sind oft aus plattenförmigen Rohmaterialstücken gefertigt, die an einem oder mehreren Rändern steil retuschiert sind. **Feinschaber** sind dagegen an Abschlägen gefertigt.

An weiteren charakteristischen Geräten finden sich spitz zugerichtete, ansatzweise kantenbearbeitete **Proto-Faustkeile** als Übergangsform zwischen Choppern und Faustkeilen. Zu nennen sind weiterhin **Trieder** als dreiseitig bearbeitete Geröllgeräte sowie **Pics**, massive Geröllgeräte, die sich nach oben hin zu relativ schmalen Spitzenpartien verjüngen.

Das Oldowan in Afrika

Recht große Einigkeit herrscht über den Beginn des Oldowan vor etwa 2,6 Millionen Jahren, was mehr oder weniger dem Beginn des Erdzeitalters Pleistozän entspricht. Dagegen ist sein Ende weniger klar umrissen. Gewöhnlich wird zumindest für Afrika bei Inventaren, die jünger als eine Million Jahre alt sind, der Begriff Oldowan nicht mehr verwendet. Oldowan-typische Artefakte wurden jedoch stellenweise bis in historische Zeiten verwendet, worin ein Beleg für die Effektivität dieser Stücke zu sehen ist.

Es gibt zahlreiche Versuche, innerhalb des Oldowan eine fortschreitende technologische Entwicklung herauszuarbeiten, doch ist, mit den Worten Miriam Haidles „Aus technologischer Sicht (...) eine Unterteilung der frühen afrikanischen Abschlagindustrien in sich linear von einfach zu komplex entwickelnde Gruppen des Prä-Oldowan, Oldowan bis zu Developed Oldowan A und B nicht sinnvoll. Oldowan kann besser als übergreifender, techno-chronologischer Begriff für eine große Abschlagindustrietradition zwischen 2,6 und 1,6 Millionen Jahren vor heute verwendet werden". Im vorliegenden Beitrag, der Haidles Ansatz folgt, werden afrikanische Oldowan-Fundplätze bis zu einem Alter von 1,5 Millionen Jahren berücksichtigt, denn ab dieser Zeit werden die Acheuléen-Fundplätze weitaus häufiger als solche des Oldowan. Innerhalb dieses Zeitrahmens wird rein chronologisch zwischen den noch relativ seltenen Plätzen in der Zeit zwischen 2,6 und 2,0 Millionen Jahren vor heute und den danach häufiger

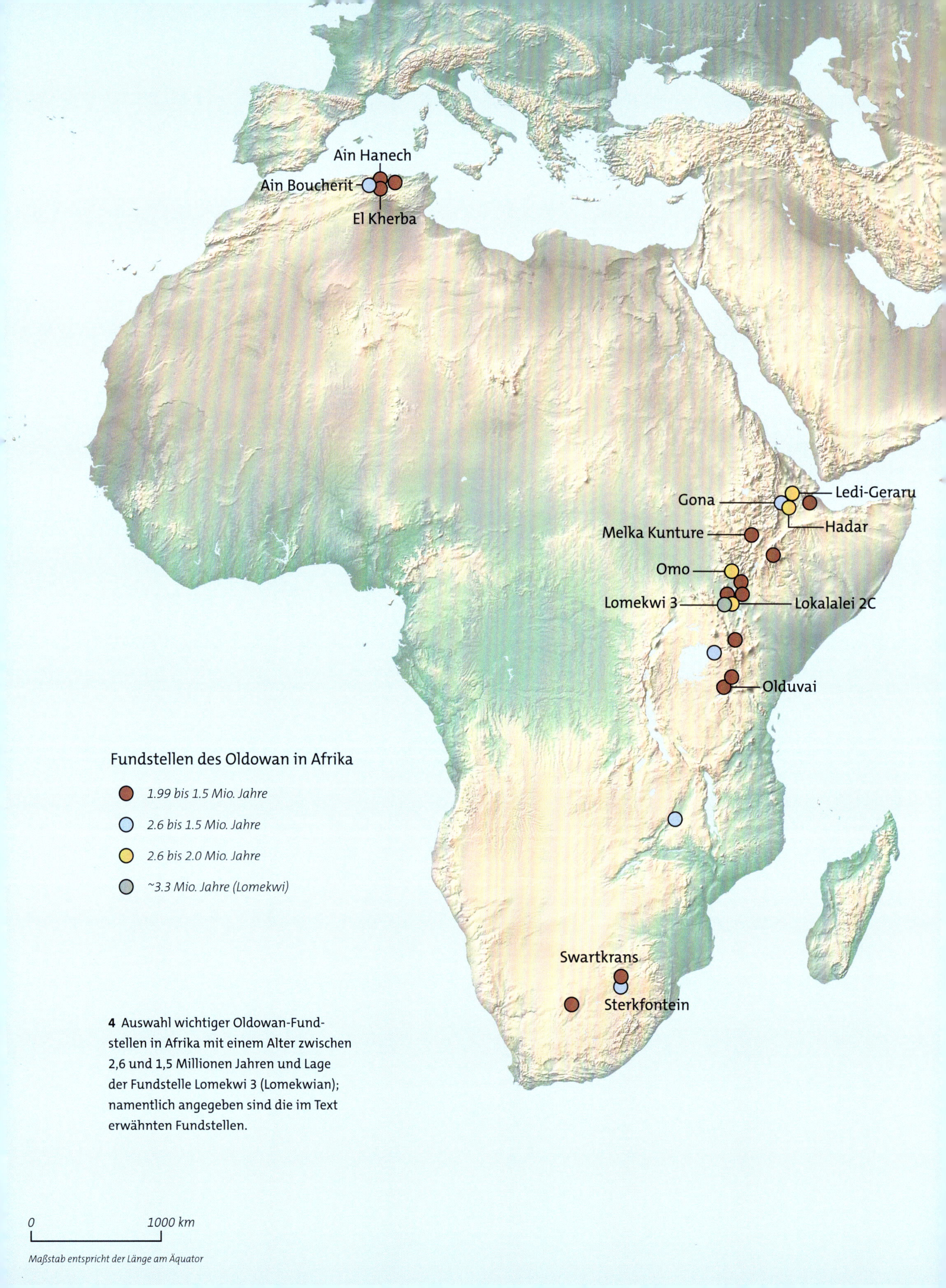

4 Auswahl wichtiger Oldowan-Fundstellen in Afrika mit einem Alter zwischen 2,6 und 1,5 Millionen Jahren und Lage der Fundstelle Lomekwi 3 (Lomekwian); namentlich angegeben sind die im Text erwähnten Fundstellen.

werdenden Plätzen zwischen 1,99 und 1,5 Millionen Jahren vor heute unterschieden. *Abb. 4*

Die frühesten Oldowan-Funde stammen bisher aus Ostafrika. Am ältesten waren lange die Funde aus Gona in Äthiopien mit einem Alter von bis zu 2,6 Millionen Jahren. Kürzlich wurden jedoch Artefakte aus Ledi-Geraru, ebenfalls in Äthiopien, publiziert, die bis zu 2,61 Millionen Jahre alt und damit wohl etwas älter sind als die Funde aus Gona. In beiden Fällen handelt es sich in erster Linie um einfache Abschläge und Kerne beziehungsweise ‚Geröllgeräte'. Andere sehr alte Oldowan-Inventare mit einem Alter von bis zu 2,3 Millionen Jahren kennen wir in Ostafrika aus der Hadar-Region und aus der Shungura Formation im Tal des Omo-Flusses. Besondere Aufmerksamkeit verdient die Fundstelle Lokalalei 2C in West Turkana in Kenia, die etwa 2,34 Millionen Jahre alt ist. Die Artefakte bezeugen eine Fortentwicklung im Gestaltungswillen ihrer Hersteller. Durch mehrmaliges zielgerichtetes Drehen des Rohstückes gelang ein planmäßiger und systematischer Abbau von zum Teil mehr als 50 Abschlägen aus einem einzigen Rohmaterialstück – ein deutliches Zeichen für ein bereits hohes Maß an Planungstiefe und technischem Geschick der Hersteller. *Abb. 5*

Deutlich jünger mit ‚nur' etwa 1,8–1,6 Millionen Jahren sind die zahlreichen Fundstellen in der namengebenden Olduvai-Schlucht. Die verschiedenen Fundpunkte in der Region von Melka Kunture in Äthiopien sind maximal 1,7 Millionen Jahre alt. In Südafrika ist das Oldowan ebenfalls sehr früh nachweisbar, wenn auch etwas später als in Ostafrika. Zu nennen sind hier zum Beispiel Sterkfontein mit einem Alter von circa 2,2 Millionen Jahren, weiterhin Swartkrans mit 1,7–2,0 Millionen Jahren. Sehr alt ist das Oldowan auch in Nordafrika. Zwei Fundpunkte in Ain Boucherit in Algerien datieren auf 2,4 Millionen beziehungsweise 1,9 Millionen Jahre vor heute, während Ain Hanech und El-Kherba, ebenfalls in Algerien, ein Alter von etwa 1,8 Millionen Jahren haben.

Expansionen: Das Oldowan außerhalb Afrikas

Wurde und wird der Begriff Oldowan vor allem für Funde aus Afrika verwendet, so finden sich vergleichbare Inventare auch außerhalb Afrikas, speziell in der Levante und in Europa. Hier werden Fundplätze aus der Zeitspanne zwischen 1,8 und 0,78 Millionen Jahren berücksichtigt, wobei das Ende dieses Intervalls den Beginn des Mittelpleistozäns markiert. Das Auftreten derart alter Fundplätze außerhalb Afrikas hat große Bedeutung für die Frage frühester interkontinentaler menschlicher Expansionen, die unter dem Begriff ‚Out of Africa' bekannt sind. *Abb. 6*

Der älteste gesicherte Fundplatz früher Menschen außerhalb Afrikas ist gegenwärtig Dmanisi in Georgien mit einem Alter von circa 1,8 Millionen Jahren. Die Steinindustrie wird von Choppern und Chopping Tools, Kernen und

5 Lokalalei 2C (Kenia). Drei etwa 2,3 Millionen Jahre alte Zusammensetzungskomplexe, die eine durchdachte und organisierte Abschlaggewinnung dokumentieren.

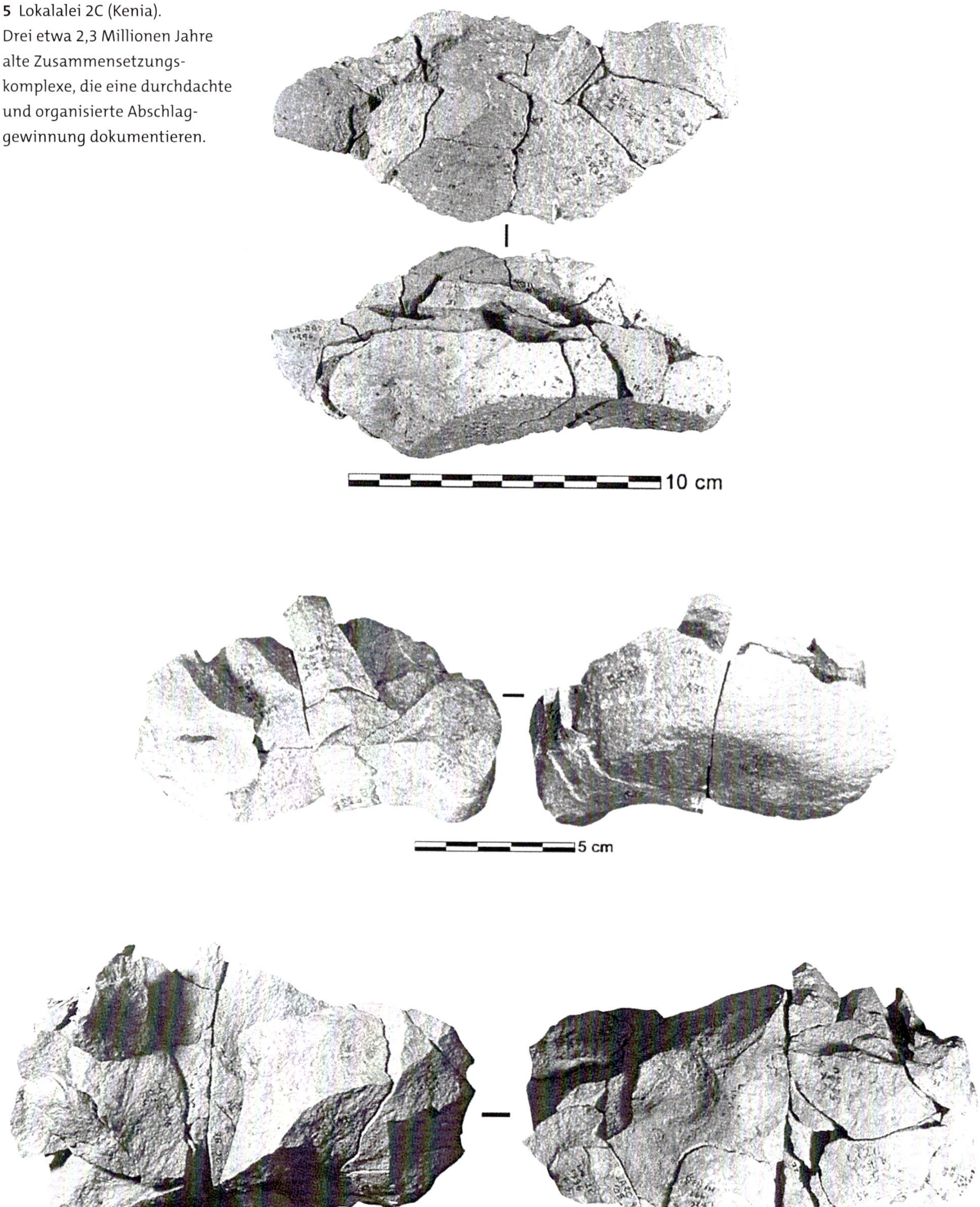

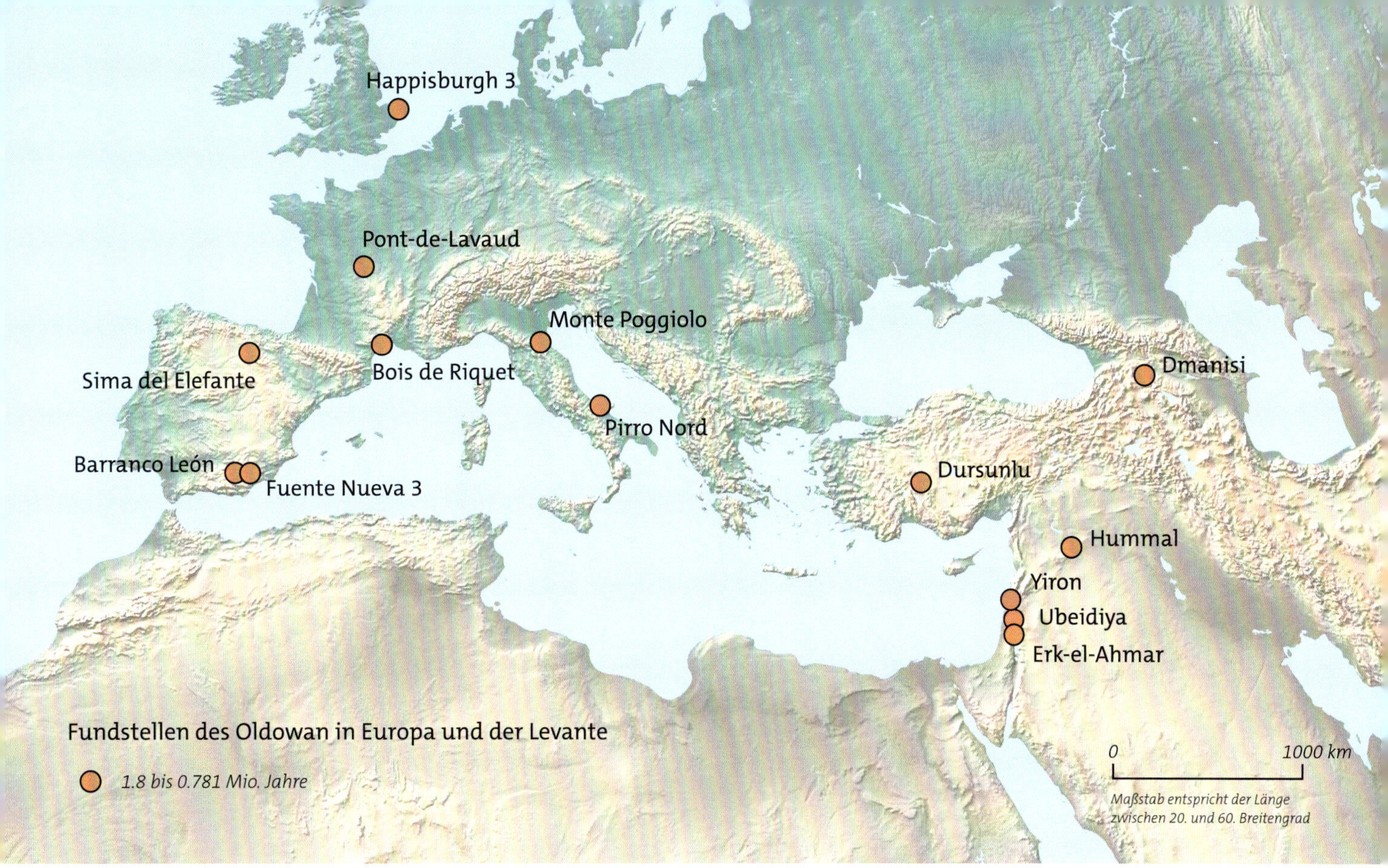

6 Im Text erwähnte Oldowan-Fundstellen in Europa und in der Levante.

Abschlägen dominiert, während retuschierte Stücke selten sind. Daraus folgt, dass interkontinentale Ausbreitungen mit einem solch einfachen Werkzeugbestand möglich waren und dazu keine Acheuléen-Faustkeile oder sonstige beidflächige Geräte nötig waren. Da die ältesten Oldowan-Artefakte aus Afrika fast eine Million Jahre älter sind als die aus Dmanisi, kann man andererseits vermuten, dass der bloße Besitz einer Steintechnologie es frühen Menschen noch nicht ermöglichte Afrika zu verlassen. *Abb. 7*

In Europa haben vor allem Fundstellen in Süd- und Westeuropa Oldowan-typische Funde geliefert. Am ältesten ist Pirro Nord in Italien mit einem Alter von 1,6 bis 1,3 Millionen Jahren. Zwischen 1,4 und etwa 1,0 Millionen Jahre alt sind unter anderen zwei Fundstellen in der südspanischen Orce-Region, nämlich Barranco León und Fuente Nueva 3, die Fundstelle Sima del Elefante in der nordspanischen Sierra de Atapuerca, die französischen Fundstellen Bois de Riquet (Lézignan-la-Cèbe) und Pont-de-Lavaud sowie Monte Poggiolo in Italien. Etwas überraschend aufgrund der geographischen Lage ist das Vorkommen entsprechender Funde im britischen Happisburgh 3, die zwischen 970.000 und 780.000 Jahren alt sind. *Abb. 8*

Geographisch außerhalb Europas liegt die Fundstelle Dursunlu in Anatolien, die maximal 1,1 Millionen Jahre alt ist. Für die Levante sind unter anderen die

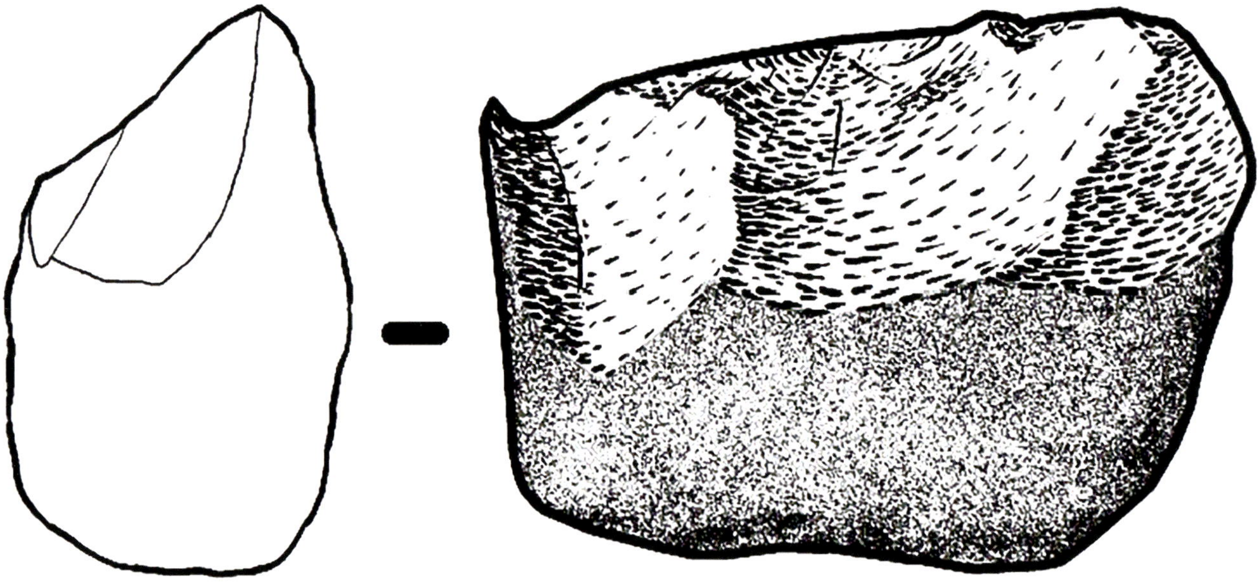

7 Chopper aus Dmanisi.

israelischen Fundstellen Erk-el-Ahmar und Yiron mit einem Alter von gut 1,7 Millionen Jahren sowie Ubeidiya mit etwa 1,4 Millionen Jahren zu nennen. Das Alter des Oldowan in den untersten Schichten von Hummal in Syrien beträgt bis zu etwa einer Million Jahre. Einige Fundstellen in China und Südostasien mit Oldowan-typischen Steinartefakten sind nur wenig jünger als Dmanisi.

Welche Menschen sind für das Oldowan verantwortlich?

Gemeinhin galten Vertreter der Gattung *Homo* als Hersteller der ältesten Steinartefakte, doch lebten zur Zeit der Artefakte aus Gona und Ledi-Geraru auch noch späte Australopithecinen, und da keine Fossilien direkt mit den Steinartefakten zusammen gefunden wurden, bleibt die Frage der Hersteller offen. Einen schwachen Hinweis auf die Urheberschaft von *Homo* liefert vielleicht die Tatsache, dass in Ledi-Geraru, nur etwa 5 km von der Fundstelle der Oldowan-Artefakte entfernt, ein menschlicher Unterkiefer gefunden worden war, der vermutlich zu *Homo* gehört und mit einem Alter von etwa 2,8 Millionen Jahren das älteste *Homo*-Fossil überhaupt wäre. Die Funde aus Lomekwi 3 stammen dagegen mit ihrem hohen Alter aus einer Zeit, aus der noch kein Vertreter der Gattung *Homo* bekannt ist. Hier müssen wir nach Vertretern anderer Gattungen suchen. Für Dmanisi in Georgien ist durch zahlreiche Menschenfunde eine Vergesellschaftung der Oldowan-Artefakte mit *Homo erectus* gesichert, und auch in Europa und in der Levante dürfte ausschließlich *Homo erectus* für die entsprechenden Artefakte verantwortlich sein.

Oldowan-Technologie und menschliche Kognition

Eine gewisse Kenntnis bruchmechanischer Eigenschaften der verwendeten Gesteine bei ihren Herstellern bezeugen schon die Artefakte von Lomekwi 3. Sie darf umso mehr für das Oldowan vorausgesetzt werden. Dieses Verständnis ist wohl etwas, das selbst die frühen Menschen von allen Tieren, auch den nichtmenschlichen Primaten wie Schimpansen und Bonobos, unterscheidet. Typisch menschlich an der Artefaktherstellung ist auch, dass vorausschauend geplant wurde. Das heißt, schon die frühen Menschen produzierten die Artefakte nicht ausschließlich für den unmittelbaren Gebrauch, sondern sie waren in der Lage, bei der Artefaktproduktion eine in der Zukunft liegende und auch räumlich vom Herstellungsort entfernte Verwendung der Artefakte zu antizipieren. Mit den Abbauserien von Lokalalei 2C ist endgültig ein Stadium erreicht, in welchem Menschen als Artefakthersteller jegliche Tiere bei weitem hinter sich gelassen haben.

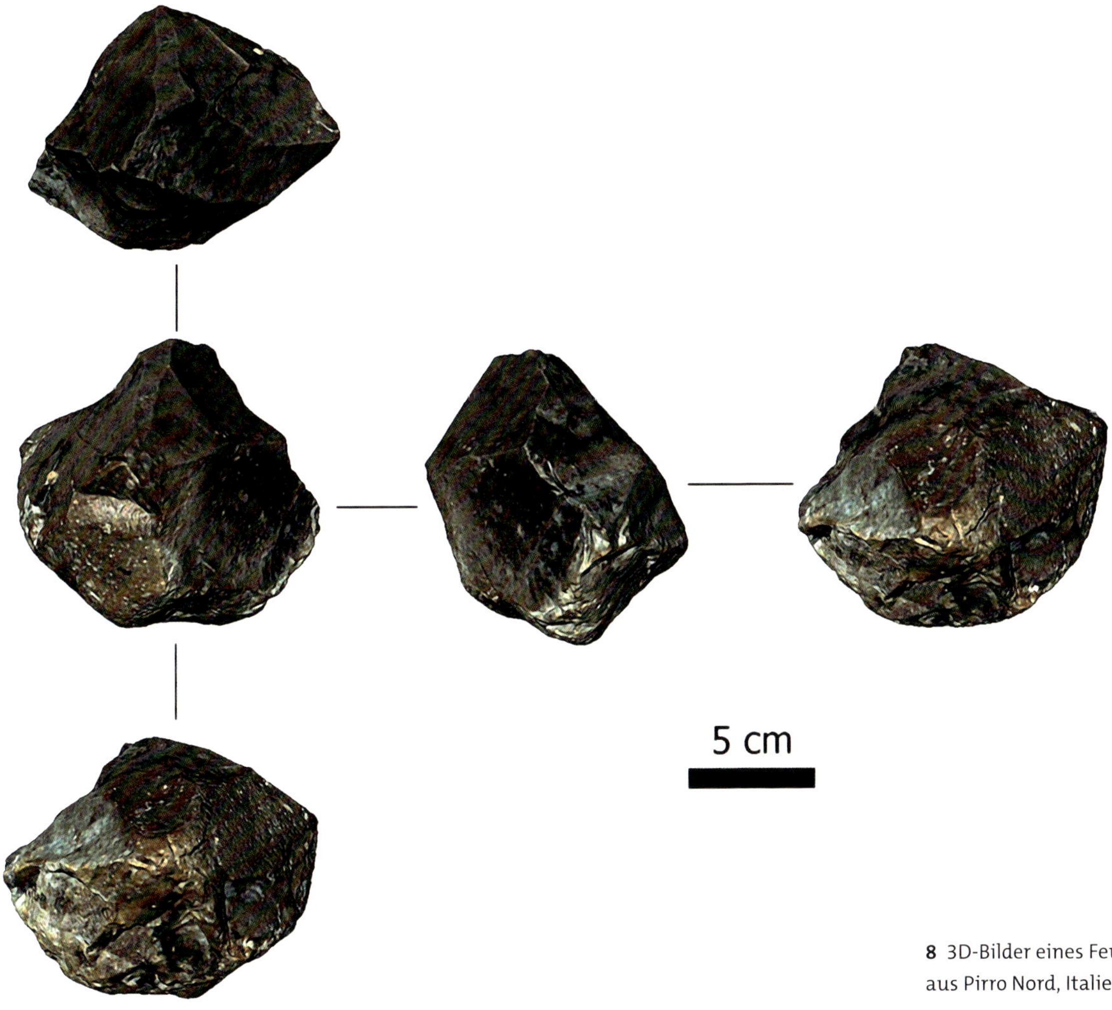

8 3D-Bilder eines Feuersteinkerns aus Pirro Nord, Italien.

Weiterführende Literatur

Braun, D. R./Aldeias, V./Archer, W./Arrowsmith, J. R./Baraki, N./Campisano, C. J./Deino, A. L./DiMaggio, E. N./Dupont-Nivet, G./Engda, B./Feary, D. A./Garello, D. I./Kerfelew, Z./McPherron, S. P./Patterson, D. B./Reeves, J. S./Thompson, J. C./Reed, K. E. 2019 Earliest known Oldowan artifacts at >2.58 Ma from Ledi-Geraru, Ethiopia, highlight early technological diversity. Proceedings of the National Academy of Sciences of the United States of America 116, 2019, 11712–11717.

Delagnes, A./Roche, H. 2005 Late Pliocene hominid knapping skills: The case of Lokalalei 2C, West Turkana, Kenya. Journal of Human Evolution 48, 2005, 435–472.

Haidle, M. N. 2012 Oldowan und andere frühe Geröllgeräte- bzw. Abschlagindustrien. In: H. Floss (Hg.), Steinartefakte vom Altpaläolithikum bis in die Neuzeit (Tübingen 2012) 159–166.

Harmand, S. 2007 Economic behaviors and cognitive capacities of early hominins between 2.34 Ma and 0.70 Ma in West Turkana, Kenya. Mitteilungen der Gesellschaft für Urgeschichte 16, 2007, 11–23,

Harmand, S./Lewis, J. E./Feibel, C. S./Lepre, C. J./Prat, S./Lenoble, A./ Boës, X./Quinn, R. L./Brenet, M./Arroyo, A./Taylor, N./Clément, S./Daver, G./Brugal, J.-P./Leakey, L./Mortlock, R. A./Wright, J. D./Lokorodi, S./Kirwa, C./Kent, D. V./Roche, H. 2015 3.3-million-year-old stone tools from Lomekwi 3, West Turkana, Kenya. Nature 521, 2015, 310–315.

Leakey, M. D. 1971 Olduvai Gorge. Excavations in Beds I & II 1960-1963 (Cambridge 1971).

Schick, K./Toth, N. 2006 An overview of the Oldowan industrial complex: the sites and the nature of their evidence. In: N. Toth/K. Schick (Hg.), The Oldowan: case studies into the earliest Stone Age (Gosport 2006) 3–42.

Semaw, S./Rogers, M. J./Quade, J./Renne, P. R./Butler, R. F./Dominguez-Rodrigo, M./Stout, D./Hart, W. S./Pickering, T./Simpson, S. W. 2003 2.6-Million-year-old stone tools and associated bones from OGS-6 and OGS-7, Gona, Afar, Ethiopia. Journal of Human Evolution 45, 2003, 169–177.

Australopithecus africanus

Steckbrief

Entdeckung:

Das erste Fossil wurde 1924 von Raymond Dart in einer Fossiliensammlung in Taung (Südafrika) entdeckt. Es handelte sich um einen nahezu vollständigen Schädel eines Kindes mit einigen Zähnen und führte zur Erstbeschreibung der *Australopithecinen*.

Fundorte:

Südafrika: Sterkfontein, Makapansgat, Taung.

Funde:

Schädel und Unterkiefer eines Kindes, versteinerter Hirnschädelausguss, weitere Schädel- und Skelettreste.

Alter:

3,0–2,3 Millionen Jahre.

Gehirnvolumen:

405–440 cm³.

Merkmale:

Australopithecus africanus kommen nur im südlichen Afrika vor. Sie haben leicht schräggestellte, vorspringende Gesichter, kaum Stirn, dafür aber ausgeprägte Überaugenwülste. Die Position des *Foramen magnum* ist dem Menschen ähnlicher als afrikanischen Menschenaffen, weshalb davon auszugehen ist, dass sie sich permanent aufrecht fortbewegten.

Vertreter der Art *Australopithecus africanus* waren schätzungsweise 1,30 m groß und wogen etwa 30–40 kg. Da sie sich als Allesfresser ernährten, gehörte neben Blättern, Knollen, Wurzeln, Flechten, Baumrinde und Samen auch Fleisch zum Speiseplan. Ihr Lebensraum waren Waldgebiete in der Nähe von Flussläufen, sogenannte Galeriewälder.

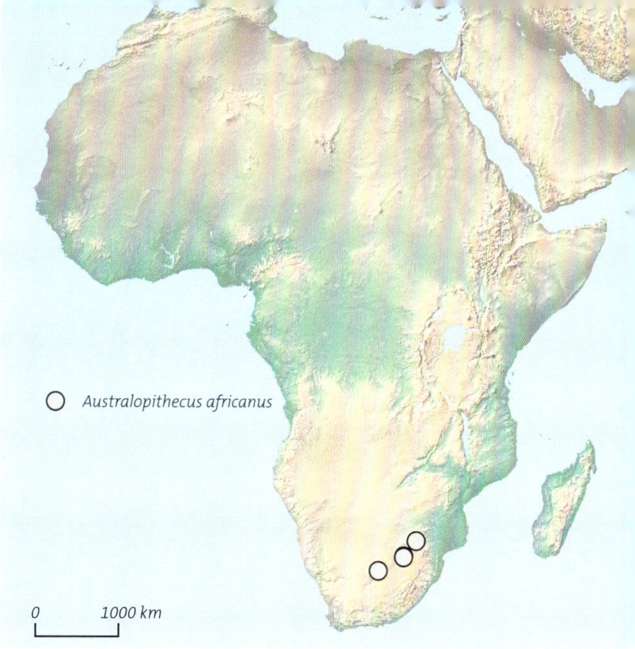

Gesichtsrekonstruktion

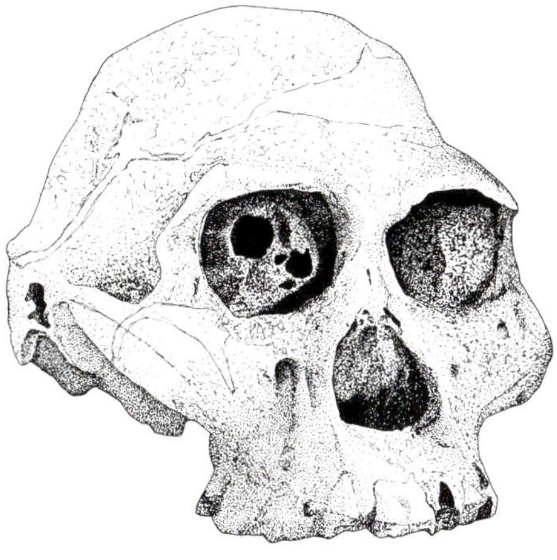

„Mrs. Ples“ aus Sterkfontein in Südafrika (STS 5)

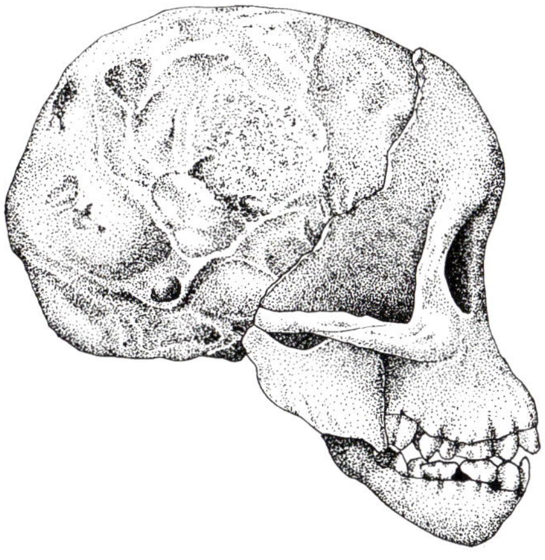

Schädel des Taung Babys aus Südafrika

Liane Giemsch

Von Afrika aus um die Welt: Das Acheuléen

Einführung

In Afrika, der Wiege der Menschheit, sind bearbeitete Gerölle und scharfkantige Abschläge als älteste Werkzeuge der Frühmenschen seit 3,3 Millionen Jahren am Fundplatz Lomekwi 3 in Kenia sowie ab etwa 2,6 Millionen Jahren an verschiedenen Fundstellen belegt (siehe Beitrag Bolus in diesem Band). Vor rund 1,76 Millionen Jahren hat sich die Steingerätetechnik dort deutlich verändert und beidflächig bearbeitete Geräte, sogenannte Bifaces, tauchen auf. Neben den Geröll- und Abschlaggeräten des Oldowan tritt nun unter anderem der in seiner Form klar erkennbare Faustkeil als Leitform der sogenannten Acheuléen-Kultur auf. Dieser ist ein deutlich komplexeres Gerät als die bisherigen Steinwerkzeuge und wurde meist aus Basalt gefertigt. Benannt sind diese Inventare nach dem Ort Saint Acheul in Nordfrankreich, wo Jacques Boucher de Perthes (1788–1868) bereits in den 1830er Jahren Faustkeile aufsammelte und als menschliche Produkte interpretierte. Erste moderne archäologische Untersuchungen des Acheuléen Afrikas wurden durch das Forscherehepaar Mary und Louis Leakey an der Fundstelle Olorgesailie in den Jahren 1943–1947 durchgeführt. Weitere Arbeiten in Afrika folgten unter anderem an den Fundstellen Olduvai Gorge, Kalambo Falls und Peninj. Die Erforschung der frühen pleistozänen Kulturen Ostafrikas haben auch erhebliche Impulse durch die Entdeckung fossiler Homininen in Ostafrika und durch die Intensivierung der Erforschung des Primatenverhaltens unter anderem durch Jane Goodall erfahren.

Das Acheuléen ist der jüngere Abschnitt des afrikanischen Early Stone Age, das in Deutschland als ‚Altpaläolithikum', also die ältere Altsteinzeit, bezeichnet wird. Es markiert eine wichtige Stufe in der menschlichen Technologiegeschichte und Verhaltensevolution und hat mit rund 1,5 Millionen Jahren eine ähnlich lange Laufzeit wie das vorhergehende Oldowan. Die beidflächige Bearbeitung wird nach dem Modell von Grahame Clarke auch als Mode II bezeichnet.

1 Acheuléen-Faustkeil aus Basalt von der Fundstelle Makuyuni in Tansania.

2 Herstellungsschema eines Acheuléen-Faustkeils.

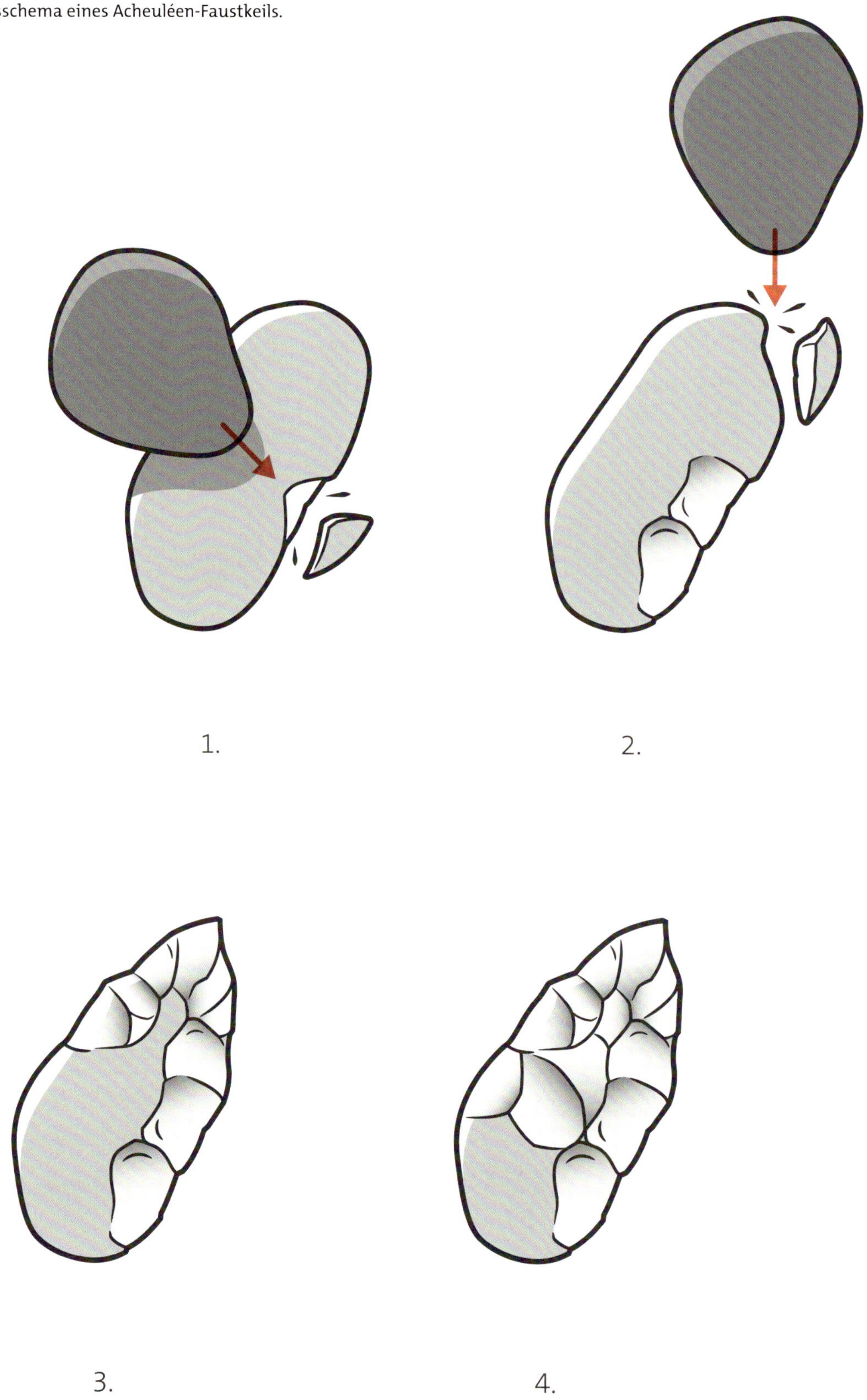

Nach derzeitigem Forschungsstand tritt das Acheuléen erstmals in Ostafrika auf. Als älteste Fundstellen sind mit circa 1,76 Millionen Jahren die Fundstellen Kokiselei 4 in West Turkana in Kenia, Konso-Gardula und Gona in Äthiopien sowie mit einem Alter von 1,5–1,1 Millionen Jahren die Fundstelle Peninj am Lake Natron in Tansania bekannt. Bis zum Ende des Mittelpleistozäns vor rund 130.000 Jahren ist die Technologie in ganz Westasien südlich der Gebirge einschließlich Indiens präsent. Die ersten altpaläolithischen Faustkeile außerhalb Afrikas finden sich in 'Ubeidiya in Israel und werden um 1,4 Millionen Jahre vor heute datiert.

Charakteristika des Acheuléen

Das Acheuléen wird in drei Phasen eingeteilt: eine frühe (circa 1,76 bis 1 Million Jahre vor heute), eine mittlere (circa 1 bis 0,6 Millionen Jahre vor heute) und eine späte (circa 0,6 bis 0,3 Millionen Jahre vor heute). In der letzten Phase der Oldowan-Kultur treten bereits erste Proto-Faustkeile auf, die den Übergang zum Acheuléen ankündigen. Dieser Übergang scheint sich rasch zu vollziehen, und es gibt nur wenige Übergangsinventare. Der kognitive Prozess, der mit der Konzeption von Werkzeugformen des Acheuléen verbunden ist, und die Techniken zur Herstellung von Faustkeilen unterscheiden sich stark von denen, die im Oldowan verwendet werden. Während im Oldowan Abschläge im Allgemeinen von faustgroßen Geröllen abgeschlagen wurden, zogen es die Werkzeugmacher/-innen des Acheuléen vor, von großen Felsbrocken oder Knollen sehr große Abschläge abzuschlagen, um diese dann weiter zu Faustkeilen, Picks oder Cleavern zu verarbeiten. Experimente haben gezeigt, dass im Gegensatz zur im Oldowan praktizierten Schlagtechnik, bei der das Werkstück frei in der Hand gehalten wurde, die großen Abschläge im Acheuléen durch das Unterlegen eines steinernen oder hölzernen Ambosses oder einfach durch das Absetzen des Kernes auf dem Boden hergestellt wurden. Diese Abschlagstrategie erforderte viel mehr Kraft sowie eine hervorragende Koordination und Präzision. *Abb. 2*

Im frühen Acheuléen wurden die Faustkeile mit einem runden dicken Ende und einem schmalen spitzen Ende hergestellt. Die mittlere Phase des Acheuléen ist weder chronologisch noch technologisch ein genau definiertes kulturelles/technologisches Stadium, aber es wird dennoch eine mäßige Verfeinerung in der Biface-Herstellung gesehen, und ab etwa einer Millionen Jahre vor heute wurden ovale, dreieckige und andere Formen der Faustkeile mit vorbestimmter Form und zunehmend mehr Betonung auf Symmetrie und Balance produziert. Das späte Acheuléen wird in Afrika der Zeit von 600.000–500.000 Jahren vor heute bis zum Middle Stone Age um 300.000 Jahre vor heute zugeschrieben. Die Bifaces werden zweifellos feiner (dünner, symmetrischer und mit *Abb. 3*

3 Die Verfeinerung der Faustkeil-Herstellung über die Zeit ist gut an der Fundstelle Konso (Äthiopien) zu sehen. Von links nach rechts sind jeweils zwei Faustkeile mit circa 1,75 Mio. Jahren, circa 1,6 Mio. Jahren, circa 1,25 Mio. Jahren und circa 0,85 Mio. Jahren abgebildet (oben die Dorsal-, unten die Ventralflächen). Die Bearbeitung ändert sich von nahezu unifazial (links) bis umfangreicher bifazieller Bearbeitung (rechts).

mehr Abschlagnegativen), was möglicherweise mit der Einführung der weichen Schlagtechnik einhergeht. Im Gegensatz zur harten Schlagtechnik mit einem Schlagstein wird bei der weichen Schlagtechnik ein organischer Schlägel aus Geweih oder Knochen zur Steinbearbeitung verwendet. Hierdurch ist es möglich, deutlich feinere Abschläge abzuschlagen und entsprechend feinere Werkzeuge herzustellen. Weiter zeigen zahlreiche Fundstellen in Afrika bereits die Anwendung der sogenannten Levallois-Technik zur Gewinnung wesentlich feinerer und dünnerer Abschläge, die bereits den Übergang zur Tradition des Middle Stone Age vor circa 300.000 Jahren ankündigt. Der Verzicht auf Faustkeile und Cleaver zugunsten von kleineren Abschlagwerkzeugen im Middle Stone Age repräsentiert die Ablösung von frei in der Hand gehaltenen Werkzeugen durch geschäftete Stücke. Sie signalisiert eine tiefgreifende technologische Reorganisation beim Übergang Acheuléen-Middle Stone Age, der mit dem Auftauchen von *Homo sapiens* in Verbindung gebracht wird. Die frühesten Artefakte des Middle Stone Age von der Fundstelle Baringo datieren auf 284.000 Jahre vor heute. Das Acheuléen verschwindet in den meisten Gebieten Afrikas um 200.000 Jahre vor heute.

Abb. 4

Das Acheuléen ist durch zwei besondere Werkzeugformen gekennzeichnet: den Faustkeil und den Cleaver („Spalter"). Faustkeile, für einige DAS Symbol des Paläolithikums, sind große (> 10 cm) Werkzeuge, die aus einem Geröll oder einem Abschlag gemacht sind und in eine tropfenförmige oder dreieckige Form behauen wurden, mit einem schmalen spitzen Ende und einem anderen

4 Faustkeile und Cleaver (unten) von der Fundstelle Makuyuni am Lake Manyara in Tansania. Die Funde aus Basalt und Quarz sind circa 600.000–400.000 Jahre alt .

5 Gesichtsrekonstruktion eines *Homo erectus.*

breiteren und oft gerundeten Ende. Cleaver haben eine ähnliche Größe, besitzen aber statt eines spitzen Endes eine breite Schneide quer zur Längsachse des Werkzeugs. Beide, Faustkeile und Cleaver, sind gewöhnlich bifaziell, das heißt beidflächig bearbeitet. Picks sind ähnlich wie Faustkeile, jedoch insgesamt dicker und haben oft einen dreieckigen Querschnitt. Es gibt Nachweise, dass diese großen Werkzeuge effektiv beim Zerlegen großer Tiere wie Elefanten oder Nashörner eingesetzt werden können, aber auch beim Graben oder zur Holzbearbeitung zu gebrauchen sind. Aufgrund der Verbindung in der Herstellungstechnik und morphologischer Übergangserscheinungen können Cleaver auch als breitschneidige Faustkeile verstanden werden. Sie wurden wohl in fast gleichen Funktionszusammenhängen gebraucht. Da der Faustkeil auch über das Acheuléen hinaus in den Kulturen des Mittelpaläolithikums vorkommt, begleitet er die Geschichte des Menschen über den immensen Zeitraum von ungefähr 1,7 Millionen Jahren!

Lebensweise

Insgesamt sind die Erkenntnisse über die Lebensweise der Menschen des Acheuléen gering. Während im fortgeschrittenen Mittelpleistozän sogar Speere aus Holz erhalten sind, ist die Überlieferung für den ältesten Abschnitt des Mittelpleistozäns wesentlich schlechter. An wenigen Fundstellen sind Artefakte im Kontext von Elefantenresten dokumentiert wie in Olorgesailie in Kenia, die die Jagd auf Großsäuger andeuten. Viele der Tierknochen sind zur Markgewinnung aufgeschlagen worden. Abgesehen vom Gebrauch von Steinwerkzeugen zeigen uns Pflanzenfunde aus Kalambo Falls in Tansania, dass die Menschen pflanzliche Ressourcen wahrscheinlich als Werkzeuge sowie als Nahrung genutzt haben, wie auch in Gesher Benot Ya'aqov in Israel, wo sich Steine mit Grübchen fanden, die durch vielfaches Aufschlagen von Nüssen entstanden sind. Zu bemerken ist auch, dass sich die maximale Transportdistanz der Rohmaterialien vom Oldowan und frühen Acheuléen hin zum mittleren Acheuléen von 15 km zu 45 km ausgedehnt hat. Nachweise früher Feuernutzung ab 1,5 Millionen Jahren gibt es von verschiedenen Fundplätzen wie Swartkrans (Südafrika), Koobi Fora oder Chesowanja (beide Kenia) (siehe Beitrag Giemsch Feuer in diesem Band).

Welche Menschen sind für das Acheuléen verantwortlich?

Das Acheuléen taucht vermutlich mit den ersten Vertretern von *Homo ergaster* oder archaischem *Homo erectus* auf. Ab dem mittleren Pleistozän verwendet wahrscheinlich *Homo heidelbergensis* diese Technologie. Beispiele sind aus Tighénif (Algerien), Olduvai (Tansania), Melka Kunture (Äthiopien), Ndutu (Tansania) und Olorgesailie (Kenia) bekannt. Frühe *Homo sapiens*-Vertreter, zum Beispiel aus Jebel Irhoud (Marokko), Ngaloba (Tansania) und Haua Fteah (Libyen) können mit der auf das Acheuléen folgenden Technologie des Middle Stone Age verknüpft werden. Dies führt zu der Annahme, dass der Übergang Acheuléen-Middle Stone Age vor circa 250.000–300.000 Jahren mit dem Ereignis des Spezieswandels von *Homo heidelbergensis* zu *Homo sapiens* korrespondiert.

Abb. 5

Welche Rolle spielen Umweltveränderungen beim Auftauchen und der Evolution von *Homo ergaster* und dem Acheuléen? Die meisten Oldowan-Standorte in Afrika befinden sich an Seeufern oder in Auengebieten und hauptsächlich in tiefer gelegenen Gebieten des Rifts, während die Werkzeugmacher des Acheuléen eine Vielzahl von Lebensräumen besetzten, darunter trockenere und höher gelegene Gebiete. Sie waren wahrscheinlich auch die ersten Homininen, die sich in großer Zahl aus Afrika herauswagten, obwohl die Acheuléen-Technologie in Eurasien erst viel später nach 1 Million Jahren weit verbreitet war. Wesentliche Veränderungen des globalen Klimas fanden in Ostafrika um 1,9–1,7 Mil-

6 Verbreitung der Acheuléen-Fundstellen in Afrika und Europa. Fundstellen sind jeweils der Kategorie zugeordnet, aus der die überwiegende Anzahl der Artefakte stammt; namentlich angegeben sind die im Text erwähnten Fundstellen.

lionen Jahren statt. Es kam zu einer erhöhten Trockenheit und Ausbreitung von Grasland. Während es wahrscheinlich ist, dass diese Umweltveränderungen und erhöhte Saisonalität und Variabilität eine bedeutende Rolle bei der Entstehung von *Homo erectus*, dem Acheuléen und möglicherweise auch bei den sich ändernden Anpassungen des mittleren und späten Acheuléen spielten, ist immer noch nicht klar, welche spezifischen selektiven Faktoren diese biologischen und technologischen Veränderungen ausgelöst haben.

Ausbreitung der Acheuléen-Kultur

Die Acheuléen-Technologie ist außer in Afrika auch in weiten Teilen von Europa und Asien dokumentiert. Die ältesten eindeutigen Faustkeile im Nahen Osten stammen aus ʻUbeidiya mit einem Alter zwischen 1,4 und 1 Million Jahre vor heute. Ein vergleichbares Alter haben die Stücke aus Hummal, Sitt Markho (Nar el Kébir) und Khattab (Orontes) in Syrien. In Europa gibt es nur einige wenige Fundstellen in Spanien, Italien, Süd- und Zentralfrankreich, die Proto-Faustkeile oder schlecht erhaltene Faustkeile geliefert haben, die älter als 780.000 Jahre sind. Eine weitere Ausbreitungswelle könnte mit dem 800.000 Jahre alten Fundplatz Gesher Benot Ya'aqov in Israel belegt sein. Hier konnten neben Faustkeilen aus Basalt auch Cleaver geborgen werden, die in Afrika erst vor rund einer Million Jahre, unter anderem an der Fundstelle Olorgesailie in Kenia, aufgekommen sind. Die ersten Faustkeilinventare in Europa werden zwischen 900.000 und 500.000 Jahre vor heute datiert. Im süditalienischen Venosa-Notarchirico tritt die Technologie gemeinsam mit Überresten von Waldelefanten auf. Als Diffusionswege nach Europa und Asien sind einerseits der geografische Flaschenhals des Nahen Ostens, andererseits die Straße von Gibraltar denkbar.

Abb. 6

Fazit

Das Acheuléen ist vielleicht die langlebigste technologische Tradition in der Geschichte der Menschheit. Sie reicht in Afrika von 1,7 bis 0,3 Millionen Jahren und entspricht in etwa der Zeit, in der *Homo erectus* (*Homo ergaster*) und *Homo heidelbergensis* dort lebten. Im Gegensatz zur früheren Oldowan-Technologie wurden Acheuléen-Werkzeuge – hauptsächlich Faustkeile, Cleaver und Picks – aus großen Geröllen und Abschlägen geformt und zunehmend standardisiert. Die lange Laufzeit des Acheuléen über 1,4 Millionen Jahre ist ein Beweis für den Erfolg dieser Kultur in verschiedenen Lebensräumen, Höhenlagen und Umgebungen, aber auch für ihren konservativen Charakter, da ihre Tradition von hochmobilen Hominingruppen mit kleinen Bevölkerungsgrößen über Tausende von Generationen weitergegeben wurde. Obwohl es Unterschiede zwischen der frühen und der späten Acheuléen-Technologie gibt, sehen eine Reihe von Forschenden in der Steingerätetechnologie des Acheuléen ein technologisches Beharrungsvermögen, das auch das vorhergehende Oldowan charakterisiert. Trotzdem haben die Hersteller/-innen dieser Acheuléen-Werkzeuge größere Änderungen durch die Verwendung anderer Technologien (zum Beispiel durch die Verwendung von Holz, Knochen und Feuer), die strategische Landnutzung und das soziale Leben erfahren (zum Beispiel Gruppengröße, Organisation, Art der kulturellen Übertragung). Obwohl technologisch nahezu statisch, bildeten die Symmetrie und Standardisierung des Acheuléen die Voraussetzung für die spätere Entwicklung von Symbolik und Sprache.

Weiterführende Literatur

Beyene, Y. /Katoh, Sh./WoldeGabriel, G./Hart, W. K.; Uto, K./Sudo, M./Kondo, M./ Hyodo, M./Renne, P. R./ Suwa, G./Asfaw, B. 2013 The characteristics and chronology of the earliest Acheulean at Konso, Ethiopia. Proceedings of the National Academy of Sciences of the United States of America 110, 2013, 1584–1591.

Clarke, G. 1969 World prehistory (Cambridge 1969).

Isaac, G. L. 1977 Olorgesailie. Archeological studies of a Middle Pleistocene lake basin in Kenya (Chicago, London 1977).

Le Tensorer, J.-M. 2012 Faustkeile. In: H. Floss (Hg.), Steinartefakte. Vom Altpaläolithikum bis in die Neuzeit (Tübingen 2012) 209–218.

Leakey, M. D. 1971 Olduvai Gorge Volume 3. Excavations in Beds I and II, 1960-1963. Olduvai Gorge 3 (Cambridge 1971).

Lepre, C. J./Roche, H./Kent, D. V./Harmand, S./Quinn, Rh. L./Brugal, J.-Ph./Texier, P.-J./Lenoble, A./Feibel, C. S. 2011 An earlier origin for the Acheulian. Nature 477, 2011, 82–85.

McBrearty, S./Brooks, A. S. 2000 The revolution that wasn't: a new interpretation of the origin of modern human behavior. Journal of Human Evolution 39, 2000, 453–563.

Moncel, M.-H./Schreve, D. 2016 The Acheulean in Europe: origins, evolution and dispersal. Quaternary International 411, Part B, 2016, 1–8.

Sahnouni, M. 2013 The African Acheulean. An archaeological summary. In: P. Mitchell/P. Lane (Hg.), The Oxford Handbook of African archaeology (Oxford 2013) 307–323.

Saragusti, I./Goren-Inbar, N. 2001 The biface assemblage from Gesher Benot Ya'aqov, Israel: illuminating patterns in "Out of Africa" dispersal. Quaternary International 75, 2001, 85–89.

Paranthropus boisei

Steckbrief

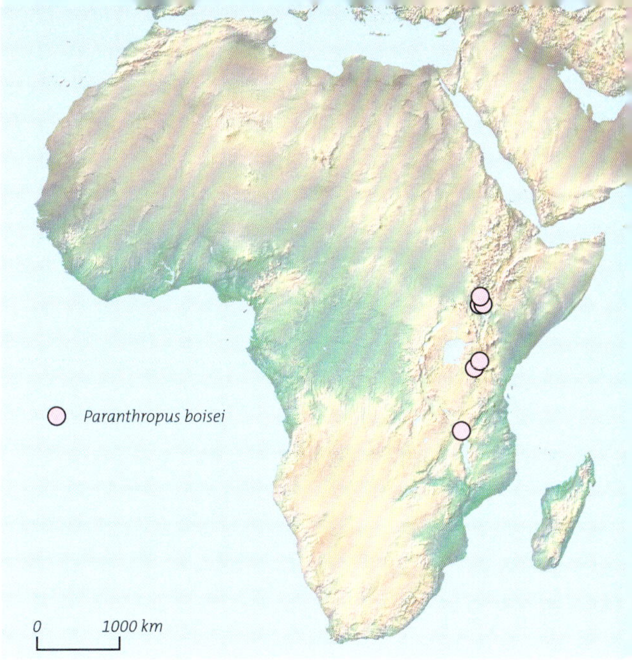

Entdeckung:

Die ersten Überreste eines *Paranthropus boisei* wurden von Mary Leakey 1959 in der Olduvai-Schlucht in Tansania gefunden. Es handelte sich um einen bezahnten Schädel.

Fundorte:

Tansania: Peninj, Olduvai.

Malawi: Malema.

Kenia: Koobi Fora, Nachukui, Chesowanja.

Äthiopien: Konso, Shungura.

Funde:

Schädel, Zähne, Unterkiefer, Fußgelenk, Daumenknochen, Unterschenkelknochen.

Alter:

circa 2,3–1,4 Millionen Jahre.

Gehirnvolumen:

475–545 cm^3.

Merkmale:

Die Schädel der *Paranthorpus boisei* sind groß und weisen lange Gesichter mit mächtigen Unterkiefern auf. Besondere Merkmale sind die breiten Wangenknochen und die sehr großen Backenzähne. Als Ansatz der kräftigen Kaumuskulatur bildete sich ein knöcherner Scheitelkamm aus. Die Ernährung beschränkte sich vermutlich wie bei *Paranthropus robustus* auf Samen, Wurzeln und Pflanzenknollen, ergänzt durch Früchte, Blätter und gelegentlich Insekten. Ob *Paranthropus boisei* auch Fleisch verzehrten, ist noch nicht abschließend geklärt.

Gesichtsrekonstruktion

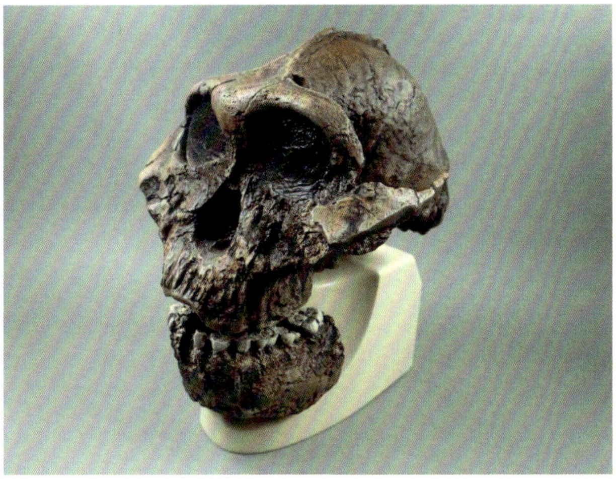

Schädel KNM-ER 406 aus Koobi Fora, Kenia

Liane Giemsch

Frühe Feuernutzung durch den Menschen

Der Umgang mit Feuer ist für uns heute selbstverständlich. Es wird auf vielfältige Art und Weise durch den Menschen genutzt und ist zum ständigen, allzeit verfügbaren Wegbegleiter geworden. Wir sind heutzutage überall auf Feuer angewiesen und von ihm abhängig. Auch wenn in unserer modernen Gesellschaft das Feuer oftmals vor unseren Blicken verborgen bleibt, basieren beinahe alle Errungenschaften des Industriezeitalters darauf: Metalle, Glas, Kunststoffe, Keramik, Energieerzeugung, Verbrennungsmotoren und auch Raketenantriebe. Ohne die Kraft des Feuers würde unsere Zivilisation in dieser Form nicht existieren. Sein Gebrauch war für unsere Vorfahren ein qualitativer Sprung, und seine Nutzung markiert eine klare Grenze zwischen Tier und Mensch. Kein anderes Unterscheidungskriterium erreicht in der Diskussion über unsere Abgrenzung vom Tier diese Ausschließlichkeit. Die Manipulation und Erzeugung von Feuer ist ein ausschließlich menschliches Merkmal, das innerhalb unserer Gattung *Homo* universell wurde. Die Fähigkeit, Feuer zu kontrollieren, ist ein entscheidender Charakterzug menschlicher Kultur und hat wahrscheinlich sowohl die physische als auch die kulturelle Entwicklung unserer Abstammungslinie beeinflusst. Feuer hat unsere Beziehung zur Welt grundlegend geändert. Doch wann hat der Mensch damit begonnen das Feuer zu nutzen, und welche vielfältigen Vorteile brachte diese kulturelle Innovation mit sich?

Die Vorteile, die das Feuer denjenigen bot, die mutig genug waren, es zu manipulieren, sind vielfältig. Die Nutzung des Feuers als Wärmequelle erweiterte die natürliche Reichweite des Menschen und machte es ihm möglich, nördlichere Breiten und größere Höhen zu besiedeln. Mit dem Feuer stand erstmals auch eine wirksame Abschreckung gegen gefährliche Raubtiere zur Verfügung, und es ermöglichte den Homininen Höhlen zu besetzen und andere konkurrierende Höhlenbewohner, wie Hyänen oder Bären, zu vertreiben. Darüber hinaus hielt der Rauch lästige Fliegen und schwärmende Moskitos fern.

Abb. 2

1 Der Umgang mit Feuer ist für uns heute selbstverständlich.

2 Die vielfältigen Vorteile durch Feuernutzung.

Feuer führte auch zu zusätzlichem Komfort, da es ein wirksames Mittel war, um Schlafbereiche von den in den alten Grasbetten lebenden Parasiten zu reinigen.

Als weiteren Vorteil brachte Feuer Licht ins Dunkel und verlängerte somit den Tag. Es stellte Licht zum Arbeiten bereit und wärmte gleichzeitig in der kühlen Nacht. Die so gewonnene Zeit konnte für soziales Miteinander, Informationsaustausch und kreative Prozesse genutzt werden. Generell war die soziale Komponente des Feuers als zentraler Ort sicher wichtig. Neben der sozialen Natur des gemeinsamen Essens führte auch die Arbeit um ein Feuer herum zu einer Erweiterung der Kommunikation und Solidarität innerhalb der Gruppe und förderte kulturelle und technologische Fortschritte. Gerade das abendliche Sitzen rund um das Feuer bei und nach den Mahlzeiten und der damit einhergehende Austausch von Geschichten und Erlebnissen förderte das Gedächtnis, die Fantasie und das Einfühlungsvermögen in die Gedankenwelt anderer. Durch die Nutzung von Feuer ist auch von einem engeren Sozialgefüge innerhalb der Menschengruppen auszugehen, da es neben den technischen Herausforderungen auch notwendig war, den regelmäßigen Nachschub an Brennstoff zum Erhalt des Feuers untereinander zu organisieren.

Feuernutzung brachte auch technische Verbesserungen und neue Innovationen mit sich. Durch den Einsatz von Feuer ließen sich Materialeigenschaften von Holz und Steinen verbessern. Denn durch Erhitzen (Tempern) wurden manche Gesteine besser spaltbar, sodass die Herstellung von Werkzeugen erleichtert wurde; hölzerne Lanzenspitzen konnten durch Feuer gehärtet werden. Es ermöglichte später die Herstellung völlig neuer Materialien wie Birkenpech als Klebemittel. Feuer wurde häufig als Helfer bei der Jagd eingesetzt. Die Beutetiere konnten mit seiner Hilfe in die Enge getrieben oder in Panik versetzt werden, um leichter angreifen zu können. Es konnte zudem zur Bearbeitung der Landschaft eingesetzt werden und so das Wachstum von bevorzugten essbaren Pflanzen für Beutearten oder die Homininen selbst fördern. Hitze und Rauch konservierten Nahrung durch Dörren beziehungsweise Räuchern. Für eine Jägergesellschaft ist dies noch heute von großer Bedeutung, da Nahrung über längere Zeit als Reserve verwahrt werden und so schlechte Jagden ausgleichen kann.

Die Fähigkeit Essen zu kochen stellte jedoch wohl den bedeutendsten Vorteil der Feuernutzung dar und wird von vielen Wissenschaftlerinnen und Wissenschaftlern als entscheidender Schritt in der Evolution des Menschen angesehen. Garen mit Feuer erweiterte die Bandbreite von Lebensmitteln, die von Homininen konsumiert werden konnten, erheblich. Die Hitze zersetzte giftige Stoffe pflanzlicher Nahrung und beseitigte Parasiten. Feuer brachte außerdem eine Reihe von energetischen Vorteilen: der reduzierte Verdauungsaufwand beim Verzehr gekochter im Gegensatz zu roher Nahrung führte zu deutlichen Energie- und Zeitersparnissen (mehr dazu im Beitrag Bruch/Hahn in diesem Band).

Der lange Weg zur Nutzung von Feuer

Wie kann man sich die ersten Schritte bei der Feuerzähmung vorstellen? Die Verwendung von Feuer bedeutet nicht, es auch produzieren zu können. Generell kann man den Ablauf in folgenden Schritten zusammenfassen: 1. Gewöhnung an natürliches Feuer, 2. Verwendung von Feuer, 3. Aufrechterhaltung von Feuer und 4. Herstellung von Feuer. Anfänglich stand sicher die grundlegende Unterdrückung der Fluchtreaktion bei Begegnung mit einem natürlichen Feuer, das durch Blitzschlag, Vulkanismus oder seltener durch die Selbstentzündung von Kohle, Ölschiefer oder anderen Konzentrationen organischer Pflanzenstoffe entflammt war. Wie heutige Schimpansen entwickelten Frühmenschen die Fähigkeit, eine brennende Landschaft ruhig zu bewältigen, ohne in Panik zu geraten. Es folgten Fortschritte beim Erkennen und Nutzen der positiven Konsequenzen von Feuer, wie der durch das Abbrennen von Grasvegetation erleichterte Erwerb von versteckten Früchten, Samen oder Knollen sowie zurückgebliebenen (leicht gegarten) kleinen Tieren. Darüber hinaus erleichterte die durch Buschfeuer reduzierte Vegetation die Fortbewegung und die frühe Erkennung von gefährlichen Raubtieren. Diese passive Nutzung des Feuers führte wohl schließlich zu einer aktiven Nutzung. Zunächst wurde vermutlich ein natürlich brennendes Feuer an Ort und Stelle mit zusätzlichem Brennmaterial befeuert, um seine Anwesenheit künstlich zu verlängern, damit man sich daran wärmen oder etwas garen konnte. Dies entwickelte sich wahrscheinlich zu der Fähigkeit, Feuer von seinem Ursprungsort zu einem anderen Ort zu transportieren. Schließlich entdeckten Menschen, wahrscheinlich durch eine Kombination aus glücklichem Zufall und Experimentieren, dass sie selbst Feuer herstellen konnten, wann und wo sie wollten. Auf diese Weise schufen sie sich eine tiefreichende Freiheit ihre Umwelt zu kontrollieren, ihre Nahrung zu kochen und willentlich neue Materialien herzustellen. Es wird allgemein davon ausgegangen, dass diese Übergänge in Landschaften stattgefunden haben, in denen blitzbedingte Brände vorherrschten oder in Zonen des langfristig aktiven Vulkanismus (zum Beispiel das afrikanische Rift Valley). Möglicherweise hat das Leben der Homininen in feuergefährdeten Umgebungen zu einer Anpassung daran geführt, bei der sie schließlich gelernt haben, Feuer zu ihrem Vorteil zu nutzen.

Wie sieht es mit den Belegen aus?

Der früheste für die Verwendung von Feuer durch die Frühmenschen vorgeschlagene Hinweis ist nicht archäologisch, sondern physiologisch. Hierbei wird postuliert, dass das Essen von leicht verdaulicher gekochter Nahrung möglicherweise für die Verkürzung des menschlichen Darms und damit die Umleitung der

bei der Verdauung eingesparten Kalorien in das Gehirn verantwortlich war, was schließlich mit dem Auftreten von *Homo erectus* zu einer Zunahme der im Fossilgut nachweisbaren Gehirngröße bei Homininen ab der Zeit vor etwa 1,9 Millionen Jahren führte. Die für größere Gehirne benötigten zusätzlichen Kalorien könnten aber genauso gut auch von energiereichem Knochenmark stammen. Die Fähigkeit, mit großen Steinen Schädel und lange Knochen aufzubrechen, um an das kostbare Knochenmark zu gelangen, beherrschten die Homininen zu diesem Zeitpunkt bereits.

3 Wichtige Fundstellen mit früher Feuernutzung in Afrika und dem Nahen Osten mit einem Alter zwischen 1,5 Millionen und 125.000 Jahren.

Die frühesten archäologischen Hinweise auf Feuernutzung in Form von thermisch veränderten Sedimenten, Steinartefakten oder Knochen kommen in Afrika vor. Der älteste Nachweis ist 1,5 Millionen Jahre alt und stammt aus Koobi Fora in Kenia. Weitere Fundstellen sind Chesowanja in Kenia und Gadeb in Äthiopien, die um 1,0 Millionen Jahre alten Höhlenfundstellen Swartkrans und Wonderwerk Cave in Südafrika, wo verbrannte Knochen aufgrund der rekonstruierten Temperaturen, denen das Sediment ausgesetzt war, sicher nicht durch Buschbrände erzeugt wurden, sowie die Fundstelle Olorgesailie in Kenia. Der älteste Nachweis für eine Art Herdstelle, auf der Nahrung gegart wurde, ist um 790.000 Jahre alt und stammt von der Fundstelle Gesher Benot Ya'akov in Israel. Möglicherweise ähnlich alte Belege zum Gebrauch von Feuer stammen aus der Zhoukoudian-Höhle in China. Ab 400.000 Jahre vor heute nimmt die Nutzung von Feuer deutlich zu. Eindeutige Belege für die Herstellung von Feuer gibt es erst seit 30.000 Jahren, doch werden in jüngster Zeit Spuren an Steinwerkzeugen von Neandertalern auch als Hinweis auf das Feuermachen interpretiert.

Abb. 3

Weiterführende Literatur

Clark, J. D./Harris, J. W. K. 1985 Fire and its roles in early hominid lifeways. The African Archaeological Review 3, 1985, 3–27.

Goren-Inbar, N./Alperson, N./Kislev, M. E./Simchoni, O./Melamed, Y./Ben-Nun, A./Werker, E. 2004 Evidence of hominin control of fire at Gesher Benot Ya'aqov, Israel. Science 304, 725, 2004, 725–727.

Pruetz, J. D./Herzog, N. M. 2017 Savanna chimpanzees at Fongoli, Senegal, navigate a fire landscape. Current Anthropology, 58, 2017, 16; 337–350.

Sorensen, A. C. 2019 The uncertain origins of fire-making by humans: the state of the art and smouldering questions. Die ungewissen Anfänge der Feuerherstellung durch den Menschen: Forschungsstand und schwelende Fragen. Mitteilungen der Gesellschaft für Urgeschichte 28, 2019, 11–50.

Wrangham, R. W./Rennert, U. 2009 Feuer fangen. Wie uns das Kochen zum Menschen machte – eine neue Theorie der menschlichen Evolution (München 2009).

Homo rudolfensis

Steckbrief

Entdeckung:

Das erste Fossil des *Homo rudolfensis* wurde von Bernard Ngeneo 1972 in der Nähe des Turkanasee entdeckt. Es handelte sich um einen stark fragmentierten Schädel.

Fundorte:

Kenia: Koobi-Fora-Formation.

Malawi: Uraha.

Funde:

Mehrere Schädel unterschiedlich guter Erhaltung, Unterkieferknochen, Zähne, Oberschenkelknochen ohne Gelenkfläche, oberer Teil eines Unterarmknochens, Beckenknochen, Schienbein.

Alter:

2,5–1,8 Millionen Jahre.

Gehirnvolumen:

750–752 cm^3.

Merkmale:

Homo rudolfensis sind die ältesten Vertreter der Gattung *Homo*. Die Form von Bein- und Beckenknochen, die dieser Art zugerechnet werden, zeigen, dass sie vermutlich häufiger und länger aufrecht gingen als jede andere Spezies vor ihnen. Mit einer leicht gebogenen Form weist auch das Gebiss eine große Ähnlichkeit zu jüngeren *Homo*-Arten auf. Schätzungen zufolge waren *Homo rudolfensis* knapp 1,50 m groß und wogen zwischen 45 und 50 kg. Der Pflanzenanteil in ihrer Nahrung war groß, sie ernährten sich überwiegend von Blättern, Samen und Früchten von Bäumen.

Es wird zwar davon ausgegangen, dass *Homo rudolfensis* bereits Werkzeuge herstellen und benutzen konnten, jedoch konnten bislang noch keine Werkzeuge in direkter Verbindung mit ihnen gefunden werden.

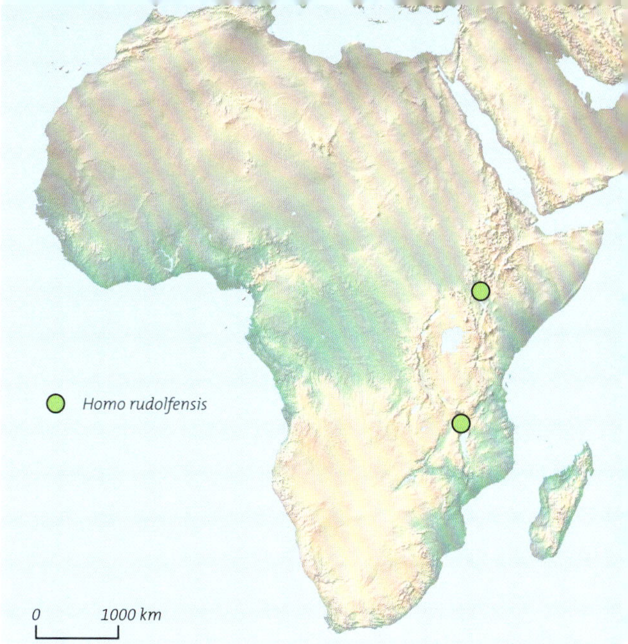

Gesichtsrekonstruktion

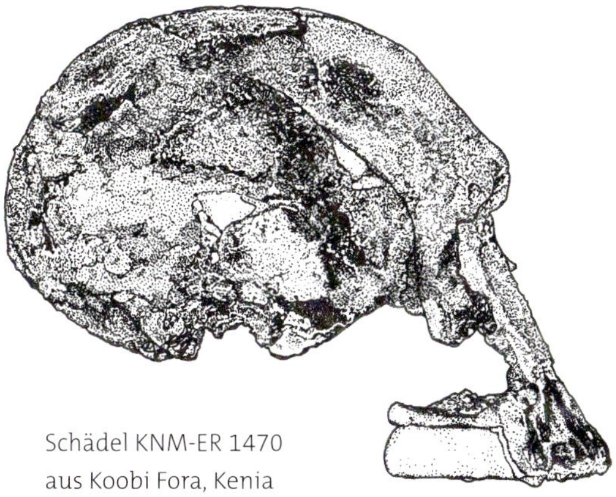

Schädel KNM-ER 1470
aus Koobi Fora, Kenia

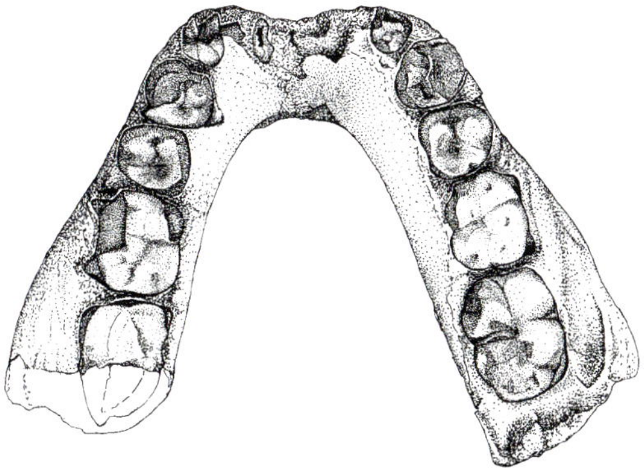

Unterkiefer UR 501 aus Uraha, Malawi

Angela A. Bruch und Karen Hahn

Roh oder geröstet? Wie Feuernutzung den Speisezettel verändert

Wildpflanzen spielten schon immer eine wichtige Rolle für die Ernährung des Menschen. Obwohl fossile Reste von Pflanzen in archäologischen Ausgrabungen selten erhalten sind, ist unbestritten, dass auch der frühe Mensch eine flexible und vielfältige Ernährungsstrategie verfolgte, um seinen Bedarf an Energie und Nährstoffen zu decken. Diese Nahrung aus Fleisch und essbaren Pflanzenteilen konnte im Laufe der Menschheitsgeschichte durch Feuernutzung und technologischen Fortschritt immer besser und effektiver erschlossen werden. Zu Beginn *Abb. 2* der Menschheitsgeschichte benutzten Frühmenschen jedoch noch kein Feuer, um ihre Nahrung zu verarbeiten. Dennoch kann davon ausgegangen werden, dass der frühe Mensch zu einfachen Methoden der Gewinnung von Lebensmitteln wie dem Schälen von Früchten oder Wurzeln, dem Knacken von Nüssen, oder dem Graben nach Knollen und Wurzeln fähig war.

Um die für den frühen Menschen verfügbare pflanzliche Nahrung und die Rolle der Feuernutzung abschätzen zu können, haben wir hier beispielhaft die heute in den Savannen der *Cradle of Humankind* vorkommenden essbaren Wildpflanzen untersucht. In dieser ‚Wiege der Menschheit' im Nordosten Südafrikas liegt eine Vielzahl von paläoanthropologischen Fundstellen. Hier wurden unter anderem die ältesten Überreste des *Homo erectus* im südlichen Afrika sowie in der Wonderwerk-Höhle mit einem Alter von einer Million Jahren der früheste Nachweis von menschlichem Umgang mit Feuer entdeckt. Viele der heutigen essbaren Wildpflanzen kamen dort wahrscheinlich bereits vor mehr als 2 Millionen Jahren vor und wiesen dieselben Nahrungseigenschaften auf wie heute. Interessant sind vor allem solche Pflanzenarten, die in diesen Savannen weit verbreitet und häufig sind und damit eine wichtige Nahrungsquelle darstellen könnten. Für die einzelnen Pflanzenteile dieser wichtigsten Arten wurden Essbarkeit und heute bekannte Zubereitungsmöglichkeiten recherchiert. Dabei wurden nur die Pflanzenteile berücksichtigt, die in größeren Mengen genießbar

1 Früchte des Affenbrotbaums (*Adansonia digitata*).

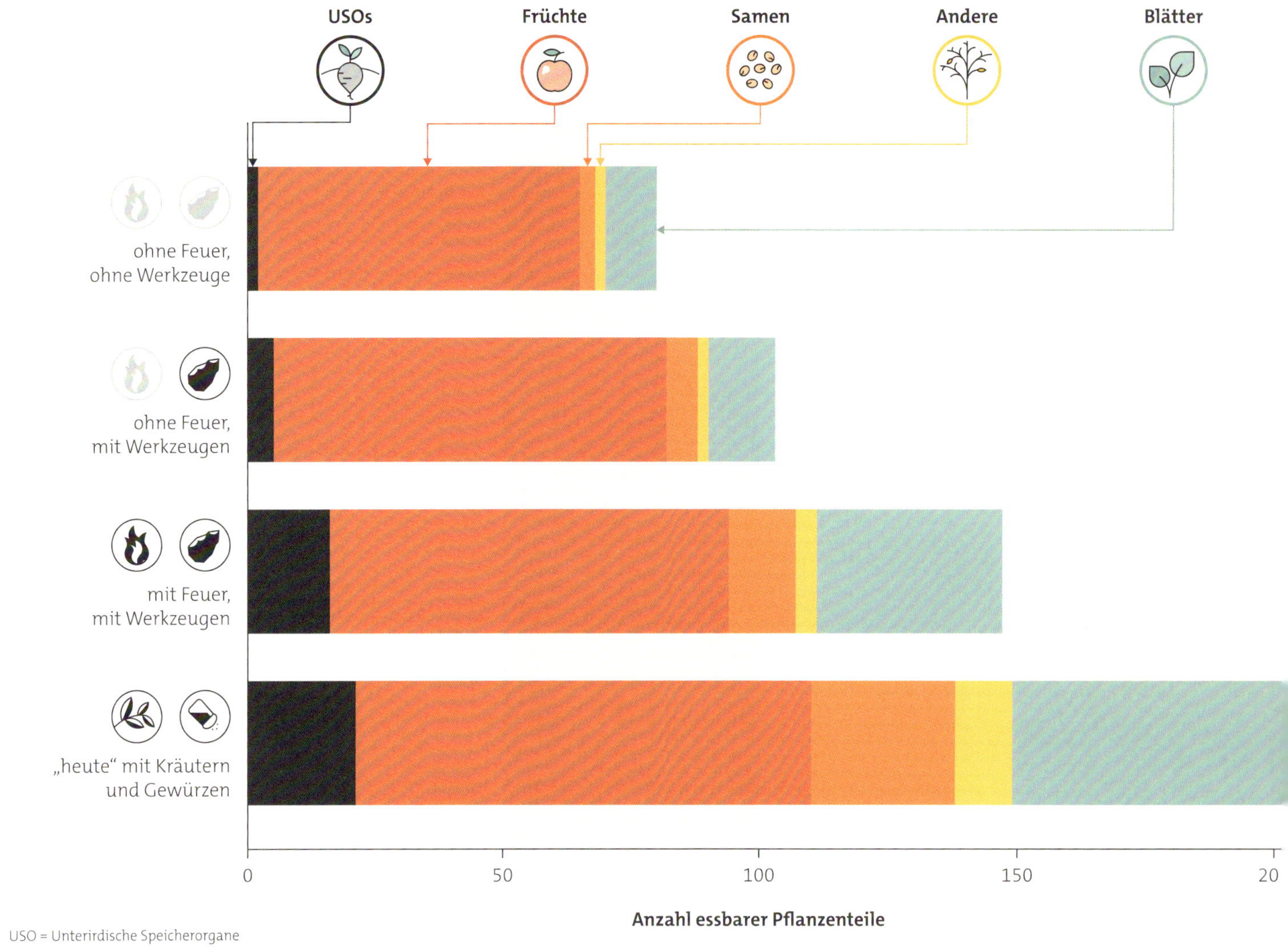

2 Anzahl der essbaren Pflanzenteile von Savannenpflanzen in der *Cradle of Humankind*, Südafrika, die je nach technologischen Möglichkeiten zur Verfügung stehen.

und für Frühmenschen eine relevante Nahrungsquelle gewesen sein könnten. Die essbaren Pflanzenteile sind sehr vielfältig und wurden in fünf Kategorien gruppiert: Früchte, Samen, unterirdische Speicherorgane (Wurzeln, Knollen, Rhizome), Blätter (inklusive Stängel, Sprossen, Blüten, Knospen), und „andere“ (hier: Pflanzensaft, Rinde, Holz).

Insgesamt herrscht in den südafrikanischen Savannen ein erstaunlich breites pflanzliches Nahrungsangebot. Von 814 Pflanzenarten sind über 20 Prozent als essbar beschrieben, und viele davon besitzen sogar mehrere essbare Pflanzenteile (siehe Infobox zum Affenbrotbaum). Für 139 Arten und davon 203 Pflanzenteile liegen genauere Informationen vor: Bereits ohne jede Zubereitung sind weit mehr als die Hälfte, nämlich 80 verschiedene Pflanzenteile von 74 Pflanzenarten, zu Ernährungszwecken geeignet. Dies sind vor allem Früchte (63) und einige Blätter (10), die im milden Klima Südafrikas fast ganzjährig zur Verfügung stehen. Viele der Früchte sind vitaminreich und haben ein süßes,

Abb. 2

zuckerhaltiges Fruchtfleisch. Sie können aber auch Proteine und einen höheren Fettgehalt aufweisen und sind insgesamt eine wichtige Nahrungsquelle. Unter Zuhilfenahme von Stein- oder anderen Werkzeugen kann mit einfachsten Mitteln der Zubereitung der Speiseplan sogar auf über hundert Pflanzenteile erweitert werden. Darunter fällt das Entfernen härterer Pflanzenteile durch Knacken und das Schaben und Zerreiben, das vor allem stärkehaltige Samen und Wurzeln erschließt. Etwa die Hälfte aller heute in der Region dokumentierten essbaren Arten ist mit diesen einfachen Mitteln nutzbar.

Mit der Fähigkeit, Feuer zu beherrschen und für die Zubereitung von Nahrung zu nutzen, erweitert sich der potenzielle Speiseplan der Menschen immens. Die Anzahl der nun essbaren Pflanzenteile verdoppelt sich fast, obwohl hier nur Pflanzenteile berücksichtigt werden, die durch einfaches Garen oder Rösten genießbar gemacht werden können. Vor allem viele stärkehaltige Samen und unterirdische Speicherorgane werden erst durch Garen oder Rösten gut verdaulich und damit als energiereiche Nahrungsquelle wichtig. Das erklärt, warum sich im Schaubild durch die Möglichkeit der Feuernutzung die Zahl der essbaren unterirdischen Speicherorgane verdreifacht und die der Samen verdoppelt. Gerade den stärkehaltigen Speicherorganen wird unter Einsatz von Feuer eine besondere Rolle als Energielieferanten zugeschrieben, da sie zudem den Vorteil haben, über das gesamte Jahr, also auch in Trockenperioden, verfügbar zu sein. Die Wurzelknollen der Wildkartoffel (*Plectranthus esculentus*) können beispielsweise sowohl roh, geröstet oder gekocht verzehrt werden und sind bei der einheimischen Bevölkerung in Südafrika heute sehr beliebt. Aber auch die Zahl der nutzbaren Blätter und anderer als Gemüse essbaren Pflanzenteile verdreifacht sich, sobald Feuer als Zubereitungsform zur Verfügung steht. *Abb. 3*

Insgesamt brachten die Beherrschung des Feuers und seine Nutzung zur Nahrungszubereitung große Vorteile für die Ernährung – sowohl bezüglich der Vielfalt essbarer Pflanzenteile als auch in Bezug auf ihre Verwertbarkeit. Vieles, das durchaus roh essbar ist, ist gegart leichter zu kauen, leichter verdaulich, und die enthaltenen Nährstoffe sind vom Körper besser nutzbar.

Das heutige Spektrum der zu Ernährungszwecken nutzbaren Arten ist jedoch um ein Vielfaches höher, denn durch die Entwicklung von komplexeren Verarbeitungs- und Kochtechniken kommen weitere Pflanzenarten und -teile hinzu. Kräuter und Samen spielen als Gewürze eine Rolle. Wurzeln und Knollen, deren ungenießbare Bitterstoffe erst durch aufwändigere Verarbeitungsschritte entfernt werden müssen, bereichern den Speiseplan. Auch bei der Herstellung von Getränken aller Art werden heute zahlreiche Wildpflanzen verwendet – von Kräutertees und Säften bis hin zu Bier, Wein und Gin, und nicht zuletzt Amarula, dem Likör aus der schmackhaften Marula-Frucht eines Wildbaums (*Sclerocarya birrea*). Ab wann unsere Vorfahren begannen, Gewürze und ähnliches zu verwenden, ist jedoch ungewiss. Auch wenn die genaue zeitliche Einordnung dieser

Der Affenbrotbaum (*Adansonia digitata*)

Dieser imposante Baum, der in den afrikanischen Savannen weit verbreitet ist, liefert die meisten essbaren Pflanzenteile. Selbst ohne Feuernutzung sind fünf von ihnen zu Ernährungszwecken verwendbar. Die Früchte des Affenbrotbaums (*Abb.* 1 und unten) enthalten ein mehliges Fruchtfleisch, dass sehr nahrhaft und reich an Vitamin C ist, sowie fetthaltige nährstoffreiche Samen, die sowohl roh als auch geröstet sehr schmackhaft und gut verdaulich sind. Zudem können Blüten, junge Sprosse und Wurzeltriebe gegessen werden. Mit Feuernutzung sind auch die Blätter als Gemüse genießbar. Sie enthalten viele Proteine und werden häufig als Soßenzutat gegessen. Sowohl die Früchte als auch die getrockneten Blätter sind mehrere Monate haltbar. Das weiche faserige Holz des Affenbrotbaums speichert sehr viel Wasser und wird auch als Wasserquelle genutzt. Affenbrotbaumfrüchte sind auch bei heutigen jagenden und sammelnden Gruppen in der Kalahari ein hochgeschätzter Bestandteil der Ernährung. Man kann annehmen, dass sie auch für die Frühmenschen eine wichtige Nahrungsquelle waren.

3 Beispiele für essbare Teile südafrikanischer Pflanzen: 1 zuckerhaltige Früchte einer Feigenart (*Ficus sur*), 2 schmackhafte Früchte der Vogelstachelbeere (*Hoslundia opposita*), 3 *Ceropegia barberae*, deren Wurzelknolle roh essbar ist, 4 Knollen der Wildkartoffel (*Plectranthus esculentus*), eine beliebte Stärkequelle, 5 *Phoenix reclinata* aus deren Saft Palmwein hergestellt wird, 6 Früchte des Marula-Baums (*Sclerocarya birrea*).

Entwicklung von der ersten Beherrschung des Feuers zum einfachen Garen und Rösten bis hin zum komplexen Kochen noch bei Weitem nicht geklärt ist, zeigen unsere Ergebnisse, dass vor allem die Feuernutzung zur Nahrungszubereitung ein entscheidender Schritt hin zu einer effektiven Nahrungsausbeute darstellte.

Weiterführende Literatur

Berna, F./Goldberg, P./Horwitz, L. K./Brink, J./Holt, S./Bamford, M./Chazan, M. 2012 Microstratigraphic evidence of in situ fire in the Acheulean strata of Wonderwerk Cave, Northern Cape province, South Africa. Proceedings of the National Academy of Sciences 109, 2012, E1215.

Hardy, K. 2018 Plant use in the Lower and Middle Palaeolithic: food, medicine, and raw materials. Quaternary Science Reviews 191, 2018, 393–405.

Hardy, K./Brand-Miller, J./Brown, K. D./Thomas, M. G./Copeland, L. 2015 The importance of dietary carbohydrate on human evolution. The Quarterly Review of Biology 90 (3), 2015, 251–268.

Henry, A. G./Büdel, T./Bazin, P.-L. 2018 Towards an understanding of the costs of fire. Quaternary International 493 (10), 2018, 96–105.

Herries, A. I. R./Martin, J. M./Leece, A. B./Adams, J. W./Boschian, G./Joannes-Boyau, R./Edwards, T. R./Mallett, T./Massey, J./Murszewski, A./Neubauer, S./Pickering, R./Strait, D. S./Armstrong, B. J./Baker, S./Caruana, M. V./Denham, T./Hellstrom, J./Moggi-Cecchi, J./Mokobane, S./Penzo-Kajewski, P./Rovinsky, D. S./Schwartz, G. T./Stammers, R. C./Wilson, C./Woodhead, J./Menter, C. 2020 Contemporaneity of *Australopithecus*, *Paranthropus*, and early *Homo erectus* in South Africa. Science 368, 2020, eaaw7293.

Marlowe, F. W./Berbesque, J. C. 2009 Tubers as fallback foods and their impact on Hadza hunter-gatherers. American Journal of Physical Anthropology 140, 2009, 751–758.

PlantZAfrica http://pza.sanbi.org

Roebroeks, W./Villa, P. 2011 On the earliest evidence for habitual use of fire in Europe. Proceedings of the National Academy of Sciences 108 (13), 2011, 5209–5214.

The Useful Tropical Plants Database http://tropical.theferns.info/

Homo habilis

Steckbrief

Entdeckung:

Der erste Fund eines *Homo habilis* – ein Unterkieferknochen – wurde 1959 von Heselo Mukuri in der Olduvai-Schlucht gemacht.

Fundorte:

Kenia: Koobi Fora, Ileret.

Tansania: Olduvai.

Äthiopien: Hadar.

Südafrika: Sterkfontein, Swartkrans, Kromdraai.

Funde:

Unterkieferknochen, Schädelknochen, Zähne, Handknochen, Fußknochen, Oberarm- und Oberschenkelknochen.

Alter:

2,3–1,5 Millionen Jahre.

Gehirnvolumen:

590–687 cm^3, eventuell bis über 800 cm^3.

Merkmale:

Homo habilis ist sicher die am schwierigsten zu fassende Art. Da sie lange Zeit die einzige beschriebene Menschenart mit diesem hohen Alter war, wurden viele Einzelfunde in ihr gruppiert, die möglicherweise nicht zusammengehören. Fossilien, die zu *Homo habilis* gezählt werden, weisen sowohl Merkmale von Australopithecinen, zum Beispiel die Gebissform, als auch von anderen *Homo*-Arten auf. Sie scheinen ein bemerkenswert kleines Gehirn für die Gattung *Homo* zu haben.

Homo habilis wurden aufgrund der nahebei gefundenen Steinwerkzeuge in die Gattung *Homo* gestellt. In den 1960er Jahren nahm man an, dass nur echte Menschen, also die der Gattung *Homo*, Werkzeuge herstellen konnten. Heute kennt man Steinwerkzeuge aus Zeiten weit vor *Homo habilis*. Wahrscheinlich waren sie schon vor Beginn der Gattung *Homo* in Gebrauch.

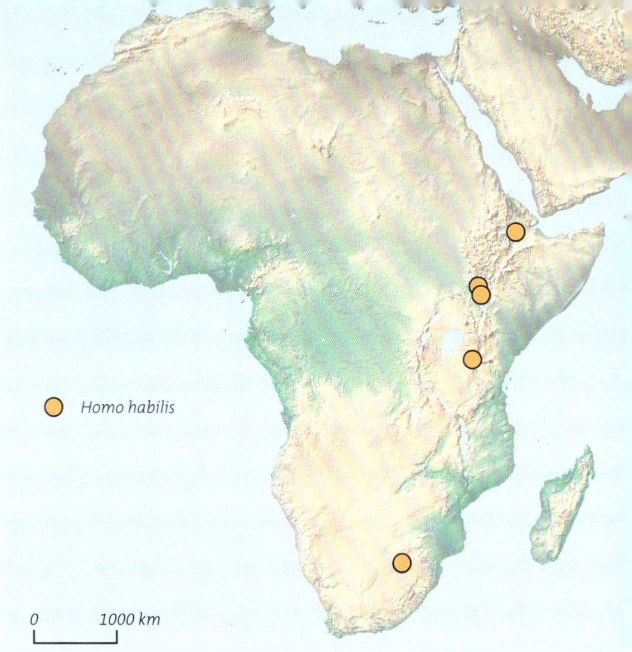

Gesichtsrekonstruktion

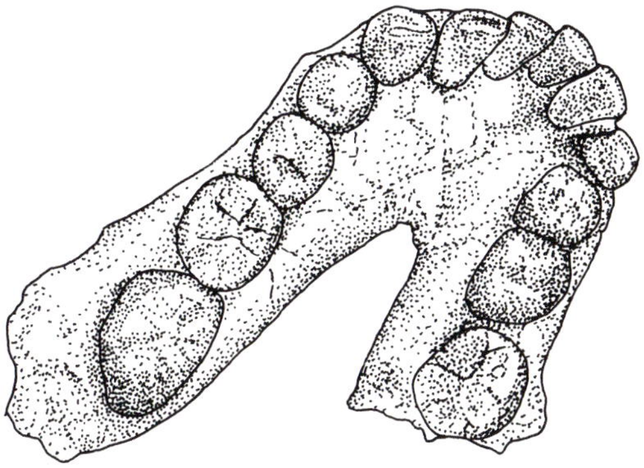

Unterkiefer OH7 aus Olduvai, Tansania

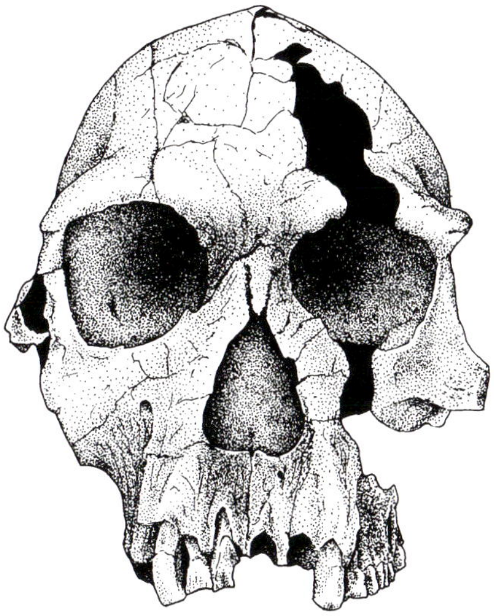

Schädel KNM-ER 1813 aus Koobi Fora, Kenia

Miriam Noël Haidle

Auf Umwegen zu menschlichem Denken

Denken – nicht nur eine Hirnsache

Wir denken mit dem Kopf, genauer dem Gehirn, oder? In unserem Gehirn werden Sinneseindrücke gebündelt, gefiltert, miteinander verknüpft, verglichen und bewertet. Es werden neue Pläne geschmiedet und Reaktionen gehemmt, sodass wir noch einmal überlegen können. Aber findet das alles nur im Gehirn statt? Ist unser Gehirn ein biologischer Zentralcomputer, unser Denken reine Informationsverarbeitung?

Abb. 2

Neben unserem Gehirn spielt unser ganzer Körper eine wichtige Rolle in unserem Denken. Unsere Sinne beliefern uns mit Eindrücken. Als Menschen sehen wir räumlich und in Farbe, hören besonders gut im Frequenzbereich menschlicher Sprache, nehmen deutliche Gerüche wahr, besitzen einen ordentlichen Gleichgewichtssinn, der unsere Bewegungen präzise zu steuern hilft. Adler sehen mit dem sprichwörtlichen „Adlerauge" auf viel größerer Entfernung scharf und können damit auch ultraviolettes Licht wahrnehmen. Fledermäuse und Delfine orientieren und verständigen sich mithilfe von Ultraschall. Hunde können viel feinere Duftspuren erschnüffeln als wir. Vögel besitzen verschiedene Gleichgewichtsorgane für den Flug einerseits sowie das Stehen und Gehen andererseits.

Denken durch Handeln

Unsere Sinnesorgane sind aber nicht einfach nur Informationslieferanten. Sie sind nicht einfach da, genauso wenig wie unser Nervensystem und sein besonders auffallender Teil, das Gehirn. Sie sind bis zu einem gewissen Grad veränderlich, je nachdem, wie sie im Laufe unseres Lebens beansprucht werden. Wir

1 Bei der Herstellung von Werkzeugen sind neben dem Gehirn auch verschiedene Sinne und die Motorik der Hände beteiligt und nehmen wahr, erinnern, greifen vor.

2 Das Denken wird durch viele Faktoren beeinflusst.

lernen. Babys erkunden ihre Umwelt, indem sie möglichst vieles befühlen, Kaltes, Heißes, Nasses, Scharfes und Kuscheliges erfahren, alles in den Mund stecken und Mischungen von sauer, salzig, süß und staubig erleben, Dinge herumwerfen, sich irgendwo hochziehen und herunterfallen. Wir sehen nicht einfach blaue Dinge als blau, sondern lernen, bestimmte Sinneseindrücke zu beachten und als blau einzuordnen. Wir lernen im Handeln unsere Körper zu beherrschen und zu denken durch unterschiedliche Wahrnehmungen, Vergleiche von Sinnesreizen mit Bekanntem, Bewertungen, daraus entspringenden Reaktionen und wieder neuen Wahrnehmungen.

Denken eingebettet in die Umwelt

Unser Denken ist eingebettet im Umgang mit unserer Umwelt. Wenn ein Kind Fahrradfahren lernt, funktioniert das nicht, indem man ihm beschreibt, wie es geht. Es muss auf dem Sattel sitzen, das Treten, Lenken, Bremsen und Aufrechtbleiben miteinander abstimmen lernen. Es muss ein Gefühl für das Gefährt bekommen. Die Muskeln und Sinne entwickeln Routinen, sodass die Aufmerksamkeit besonderen Ereignissen („ein Ball rollt auf den Weg!") vorbehalten bleiben kann. Es heißt, wer einmal Fahrradfahren gelernt hat, vergisst es nicht. Das gilt für viele Gewohnheiten im Umgang mit Dingen. Unser Körper denkt in diesem Fall, unterstützt durch bestimmte Eigenschaften der Dinge. Außerdem können uns Dinge als Werkzeuge helfen, unser Denken zu unterstützen. Durch einen Blindenstock „sieht" die Blinde tastend ihre Umgebung. Ein Einkaufszettel erinnert mich an den Joghurt. Unsere Wahrnehmung und Erinnerung, also Teile unseres Denkens, sind in diesen Fällen erweitert durch Dinge außerhalb unseres Körpers. Und unser Denken ist nur zum Teil individuell. Als soziale Wesen profitieren wir vom Wissen und von den Erfahrungen anderer, übernehmen Einordnungen und Bewertungen, lernen von anderen auf Dinge zu achten und auf bestimmte Weisen nachzudenken. Unser Denken ist nicht in unserer eigenen Person gefangen, sondern in der Gruppe verteilt.

Entwicklung von Denken

Im Laufe eines Lebens entfaltet sich das Denken und wandelt sich. Fortlaufend sammeln wir Wissen, machen Erfahrungen, ordnen Dinge entsprechend neu ein, fangen an uns für etwas zu interessieren, verfolgen einen Gedanken und bauen ihn aus, verlieren den Faden oder machen eine Kehrtwendung. Wir entwickeln unser Denken individuell, jede/r mit ihrem/seinem eigenen Mix aus eigenen und zugetragenen Erfahrungen, Anregungen und Hemmungen. Und wir entwickeln unser Denken in einer durch die Geschichte und die sozialen Kontakte geprägten Umgebung. Je nach Gruppe, der ich angehöre, übernehme ich verschiedene Werte, Erfahrungen, Handlungen und Erklärungen. Eine alleinerziehende Verkäuferin, die ihren Alltag mit dem Smartphone organisiert, denkt auf eine andere Art als ein Bauer im Mittelalter, der weder schreiben noch lesen konnte. Die Mischung aus vorherrschenden Traditionen in Haltungen, Handlungen und materieller Umwelt macht unsere jeweilige Kultur aus. Im Laufe der letzten drei Millionen Jahre Menschheitsgeschichte haben sich neben und mit den Kulturen auch unsere körperlichen Voraussetzungen für das Denken gewandelt. Die Gehirne der Menschen haben sich von der Größe einer Faust bis zum Inhalt eines Milchpäckchens und darüber hinaus vergrößert. Die Dichte der Nervenzellen hat zugenommen, das Verhältnis verschiedener Bereiche des Gehirns und ihr Stoffwechsel haben sich verändert. Unsere Hände haben sich zunehmend für einerseits kraftvolle Griffe, andererseits einen sehr genauen Umgang mit Dingen geeignet. Sowohl die Hand-Auge-Koordination als auch die feinmotorischen Möglichkeiten der Hände haben zugenommen.

unmittelbare Nahrungsaufnahme
(ohne Werkzeug)

3

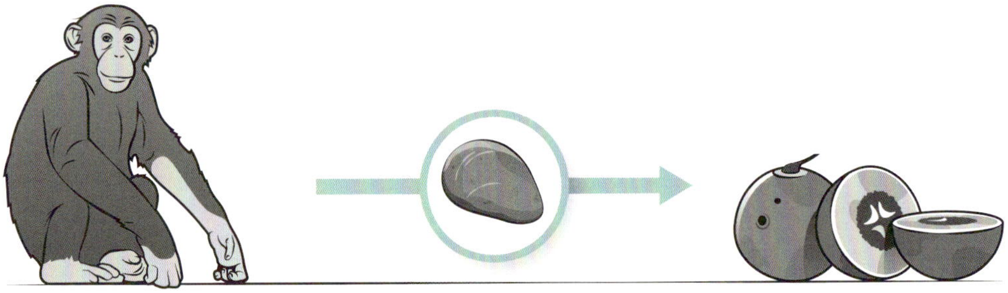

Einfacher Werkzeuggebrauch
wird bei zahlreichen Tierarten beobachtet.

4

3 Wenn eine Antilope Hunger verspürt, weidet sie Gras – ohne Umwege.

4 Wenn ein Schimpanse harte Nüsse essen möchte, muss er zuerst einen passenden Hammerstein suchen, um sie zu knacken. Er muss einen Umweg denken.

5 Will sich ein Schimpanse eine Termitenleckerei gönnen, muss er oft zwei verschiedene Werkzeuge nutzen: einen Stock, um den Bau aufzubrechen, und einen dünnen Zweig, um nach den Termiten zu angeln.

6 Die Herstellung von Steinwerkzeugen mit einem Hammerstein, um zum Beispiel eine Antilope zu zerlegen, benötigt erweitertes Umweg-Denken. Dies ist bislang nur von (Vor-) Menschen bekannt.

Eine wachsende Fähigkeit zu kommunizieren gipfelte schließlich in vielen tausend Sprachen, mit denen wir uns über Vergangenes und Zukünftiges ebenso austauschen können wie über konkrete Dinge wie Gurkensalat oder Ideen wie Gerechtigkeit. Im Zusammenspiel von individuellen, historisch-sozialen und evolutionär-biologischen Entwicklungen mit einer zunehmend von den Menschen geprägten Umwelt entwickelte sich menschliches Denken.

Entwicklung menschlichen Denkens – die Grundlagen

Je weiter wir in der Zeit zurückgehen, desto schwieriger wird es, sich ein Bild vom Denken der damaligen Menschen zu machen. Für Zeiten ohne Schrift können uns nur die Ergebnisse der Handlungen der Menschen Hinweise auf ihre Denkmöglichkeiten geben. Die Herstellung und der Umgang mit Werkzeugen bieten hier einen Ansatzpunkt. Verschiedene Tiere nutzen Werkzeuge und stellen sie auch her. Sie gebrauchen die Werkzeuge für Zwecke, die sie mit ihren eigenen körperlichen Fähigkeiten nicht erreichen könnten: Spechtfinken stochern mit Kaktusstacheln nach Insekten und Maden im Holz; Kapuzineraffen öffnen mit Steinen harte Nüsse und Muscheln; Orang-Utans nehmen Blattpolster als Schutz zum Klettern an dornigen Bäumen. Keine Art (außer Menschen)

5

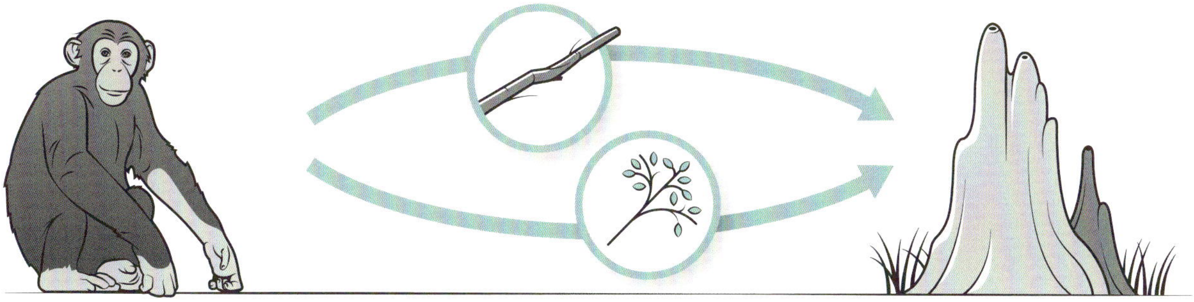

Multikomponenten-Sets primärer Werkzeuge werden von Schimpansen benutzt zum Sammeln von Ameisen, Extrahieren von Termiten oder Honig.

6

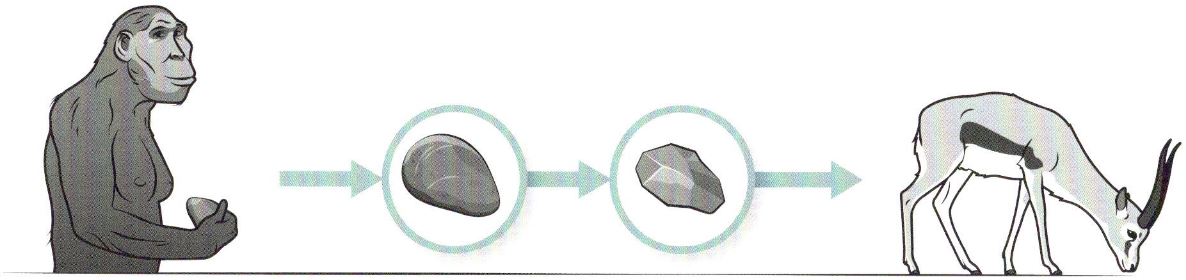

Nutzung eines Geräts zur Herstellung eines Geräts zum Erreichen eines Ziels – seit mindestens 3,3 Millionen Jahren.

ist geübter im Umgang mit Werkzeugen als Schimpansen (siehe Beitrag Wittig in diesem Band), die mit ihrer Hilfe an schwer zugängliche Nahrung gelangen, Flüssigkeiten schöpfen, imponieren, sich säubern und verteidigen. Im Hinblick auf das Denken ist das Besondere am Werkzeugverhalten der Umweg, der eingeschlagen wird, um ans Ziel zu kommen. Während eine Antilope nur nach Gräsern sucht und diese direkt frisst, sobald sie sie gefunden hat, müssen Werkzeugnutzer zuerst einmal ein passendes Gerät suchen, bevor sie sich an die Bearbeitung ihres eigentlichen Objektes der Begierde machen können. Dafür müssen sie ihr Ziel hintenanstellen und ihre Aufmerksamkeit zuerst auf das Werkzeug lenken. Die Distanz zwischen Problem (zum Beispiel Hunger) und Lösung (zum Beispiel Nahrung) vergrößert sich. Schimpansen sind sogar in der Lage, verschiedene Werkzeuge zur Erlangung eines Ziels einzusetzen.

Abb. 3

Abb. 4

Abb. 5

Erweitertes Umweg-Denken

Erste Hinweise auf einen noch größeren Umweg sind circa 3,3 Millionen Jahre alt. In Lomekwi, Kenia, wurden Steine genutzt, um von anderen Steinen scharfe Splitter abzuschlagen, um etwas damit zu bearbeiten. Den Gebrauch von Werkzeugen, um Werkzeuge herzustellen, um etwas zu tun, kennt man bislang nur

Abb. 6 von (Vor-)Menschen. Durch diesen Kniff des noch einmal erweiterten Umwegs konnten neue Werkzeuge mit bis dahin unbekannten Eigenschaften geschaffen werden, die neue Möglichkeiten eröffneten. Mit schneidenden Kanten konnten die Menschen zum Beispiel auch ohne scharfe Zähne rasch Teile von einem Kadaver abtrennen oder Holz für weitere Aufgaben zurichten. Je größer allerdings der Umweg wurde, desto mehr musste bedacht, gegebenenfalls auch geplant werden. Um einen schneidenden Steinabschlag herzustellen, brauchte man einen guten Hammerstein und geeignetes Rohmaterial zum Zerschlagen. Wenn man Glück hatte, lag beides gerade in der Nähe, wenn ein Stück der Jagdbeute eines Leoparden erbeutet werden sollte. Wenn aber erst eine aufwändige Suche begonnen werden musste, kamen einem Nahrungskonkurrenten wie Hyänen zuvor. Wer mehreren Dingen gleichzeitig Aufmerksamkeit schenken konnte, sich besser an Stellen mit gutem Material erinnerte und etwas vorausschaute, musste sich weniger auf das Glück verlassen und war im Vorteil.

Häppchenweise

Um weitere Gedanken-Umwege meistern zu können, half es, sie in kleine Etappen zu zerlegen und schrittweise zum Ziel zu gelangen. Die Zeitspanne zwischen einem Bedürfnis und dessen Befriedigung wurde durch die Umwege länger. Mehr und mehr entfernten sie sich voneinander, bis selbständige kleine Handlungseinheiten entstanden. Diese erfüllten Zwischenziele wie das Besor-

7 Im Laufe der Menschheitsgeschichte verstärkte sich nicht nur der Umgang mit Gruppenmitgliedern einerseits und Materialien andererseits. Immer mehr wurde der Umgang mit Menschen und Objekten vermengt, und das ökologische Umfeld der Menschen weitete sich aus.

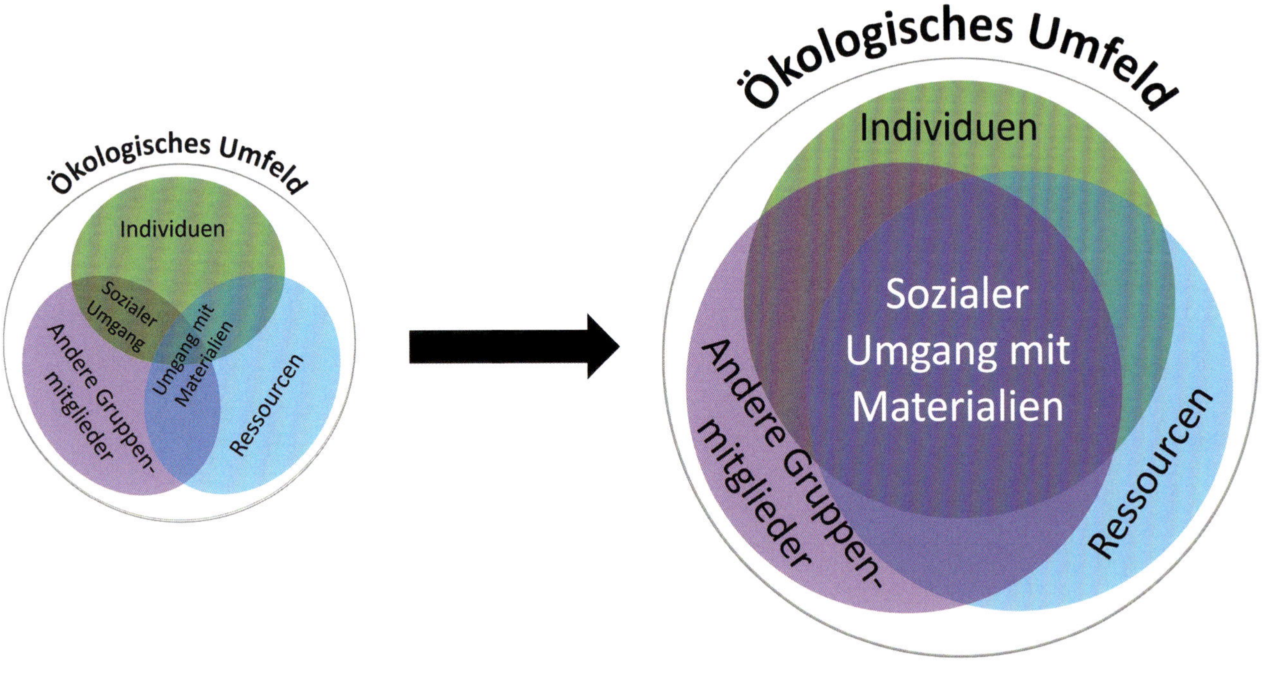

gen von Rohmaterial oder die Herstellung von Werkzeugen – unabhängig davon, ob sie sofort benutzt werden sollten oder nicht. Diese kleinen Einheiten, sogenannte Module, hatten viele Vorteile. Losgelöst von einem drängenden Bedürfnis konnten die Materialien oder Werkzeuge leichter auch für andere Zwecke genutzt werden. Sie konnten unterschiedlich miteinander verknüpft werden. Und in kleine Einheiten zerlegt, konnten auch komplexere Handlungen leichter erlernt werden.

Schimpansenkinder brauchen etwa drei Jahre, um das Nüsseknacken mit einem Stein wirklich zu beherrschen. Man kann daran ermessen, was es Vor- und Frühmenschen abverlangte, die längeren Umwege zu lernen und die damit verbundenen unterschiedlichen Fertigkeiten und das dazugehörige Wissen zu erwerben. Durch häppchenweises Lernen einzelner Module konnte man sich längere Umwege im Denken leichter aneignen. Kinder konnten mithilfe von Abschlägen schon schneiden üben, bevor sie es schafften, selbst solche Geräte herzustellen. Mit der Idee, dass man Steine zerschlagen konnte, wuchsen sie in der Gruppe auf. Gemeinsam mit den Älteren wanderten sie zu Plätzen mit gutem Rohmaterial. Wie ein geeigneter Stein beschaffen sein sollte, konnten sie begreifen, wenn sie von Erfahrenen ausgesuchte Steine zum Schlagplatz trugen. Wenn die Kinder endlich groß genug waren, um sich selbst im Steineschlagen zu probieren, hatten sie schon vieles gelernt, was zur Herstellung und zum Gebrauch der Werkzeuge dazugehörte.

Miteinander

Wenn es etwas Raum gibt zwischen einem Bedürfnis und seiner Befriedigung, wenn also Umwege denkbar werden, können auch Gruppenmitglieder leichter in das eigene Denken und Handeln einbezogen werden. Wenn ich meinen Weg vom Problem zur Lösung in Modulhäppchen zerlegen und diese wieder zu großen Handlungsketten zusammenfügen kann, dann kann ich einzelne Teile davon auch Mitmenschen machen lassen. Unterschiedliches Wissen und unterschiedliche Fertigkeiten verschiedener Gruppenmitglieder können leichter miteinander verknüpft werden. Alle können einfacher von den Fähigkeiten anderer profitieren. Am Anfang nutzten Vormenschen vielleicht nur Überbleibsel der Handlungen anderer, um selbst damit weiter zu machen: etwa nicht genutztes Rohmaterial, einen noch halbwegs scharfen Abschlag. Dann trugen vielleicht mehrere Individuen Rohmaterial zu einem Schlagplatz, aber eine Person war erfolgreicher beim Steineschlagen und duldete, dass die für sie überzähligen Werkzeuge von anderen genommen wurden. Um nicht nur zufällig, sondern absichtlich zu einer gemeinsamen Lösung eines Problems beizutragen, mussten verschiedene Personen ihre Aufmerksamkeit gemeinsam auf ein Ding richten können: ich trage für dich dies und du machst für mich daraus das. Allmählich wurde wirkliche Zusammenarbeit denkbar. Zunehmend konnte gemeinsam mit anderen gedacht werden, und andere konnten in Plänen mitbedacht werden. Durch das Ausweiten des Umweg-Denkens auf Gruppenmitglieder wurden die sozialen Bindungen in den Gruppen gestärkt.

Anders – und dadurch mehr

Affen und besonders Menschenaffen pflegen einen ausgeprägten sozialen Umgang mit den Mitgliedern ihrer Gruppe. Im Umgang mit ihrer Umwelt sind sie ideenreich. Durch besondere Handlungen (zum Beispiel Bearbeitung von Nesseln vor dem Essen bei Gorillas) und Werkzeuggebrauch (zum Beispiel Herstellung von Blattschwämmen bei Schimpansen, um Flüssigkeiten zu schöpfen) können sie vielfältige Ressourcen nutzen. Ihr ökologisches Umfeld ist, im Vergleich zu anderen Tieren, groß und abwechslungsreich. Im Laufe der menschlichen Entwicklungsgeschichte weitete sich durch das erweiterte Umweg-Denken sowohl der Umgang mit Gruppenmitgliedern als auch mit Werkzeugen und Ressourcen aus, und durch den gemeinsamen Umgang mit Materialien wurden weitere Möglichkeiten eröffnet. Das gesamte ökologische Umfeld der frühen Menschen dehnte sich aus, indem sie in weiteren Umwegen dachten. *Abb. 7* Jedes neue Ding, das in das Denken und Handeln einbezogen wurde, konnte eine Brücke zu einem weiteren werden.

Von einfachen Steingeräten bis hin zu Maschinen, von unterstützenden Lauten bis hin zu ganzen Romanen, von der Nutzung natürlichen Feuers bis hin zu Elektrizität, Kleidung, Landwirtschaft, Kunst, Religion, Schule und Wissenschaft ... Was für uns heute alles eine Selbstverständlichkeit ist, hatte seinen Anfang in grundlegenden Erweiterungen im Umweg-Denken, die vor circa 3 Millionen Jahren begannen. Auf Umwegen konnten Menschen ihrer Umwelt flexibler begegnen, sich an neue Gegebenheiten anpassen und so auch Regionen weit weg von ihrem afrikanischen Ursprung besiedeln.

Weiterführende Literatur

Fingerhut, J./Hufendiek, R./Wild, M. 2013 Philosophie der Verkörperung. Grundlagentexte zu einer aktuellen Debatte (Berlin 2013).

Haidle, M. N. 2012 How to think tools? A comparison of cognitive aspects in tool behavior of animals and during human evolution (Tübingen 2012). http://hdl.handle.net/10900/49627

Tomasello, M./Melis, A. P./Tennie, C./Wyman, E./Herrmann, E./Gilby, I. C./Hawkes, K./Sterelny, K. 2012 Two key steps in the evolution of human cooperation: The interdependence hypothesis. Current Anthropology 53(6), 2012, 673–692.

Homo ergaster

Steckbrief

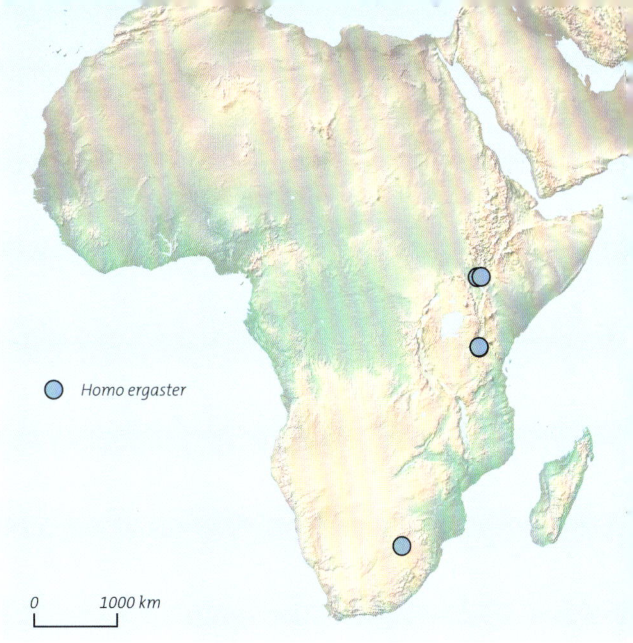

Entdeckung:

Die ersten Überreste eines *Homo ergaster* entdeckte Richard Leakey 1971 in Koobi Fora (Kenia). Einige bereits von John Robinson 1949 beschriebene Fossilien wurden 1975 nachträglich der neu benannten Art *Homo ergaster* zugeordnet.

Fundorte:

Kenia: Koobi Fora, Turkanasee.

Südafrika: Swartkrans.

Funde:

Schädel mit Unterkiefer, Beckenknochen, Schulterblätter, Wirbelsäule, Extremitätenknochen, Skelett des „Turkana Boys".

Alter:

1,9–1,4 Millionen Jahre.

Gehirnvolumen:

510–900 cm^3.

Merkmale:

Die Unterscheidung zwischen *Homo ergaster* und *Homo erectus* ist unklar; vielen Forschenden gelten *Homo ergaster* als afrikanische Frühform von *Homo erectus*. Die körperlichen Merkmale sind sehr ähnlich. Generell waren *Homo ergaster* hochgewachsen und grazil. Sie bewegten sich vollständig aufrecht und waren ausdauernde Läufer. Anhand des 1,6 Millionen Jahre alten Teilskeletts des „Turkana Boys", das eine Körpergröße von 1,59 m aufwies, kann die Größe für erwachsene Individuen auf circa 1,85 m berechnet werden.

Eine Werkzeugnutzung wird für *Homo ergaster* angenommen, kann jedoch nicht zweifelsfrei bestätigt werden. In jedem Fundkomplex, in dem Steinwerkzeuge im Zusammenhang mit diesen Fossilien gefunden wurden, kommen auch Fossilien von *Paranthropus boisei* vor, deren Vertreter somit auch als mögliche Werkzeughersteller in Betracht kommen.

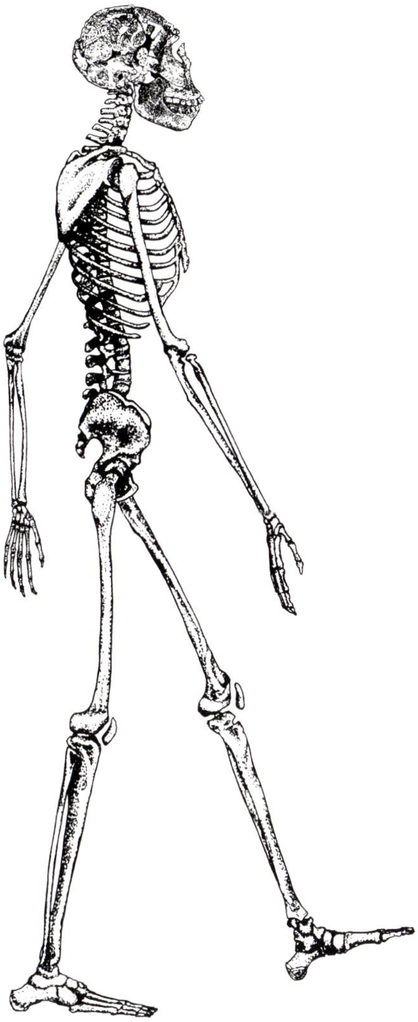

Turkana Boy
KNM-WT 15000
aus Kenia

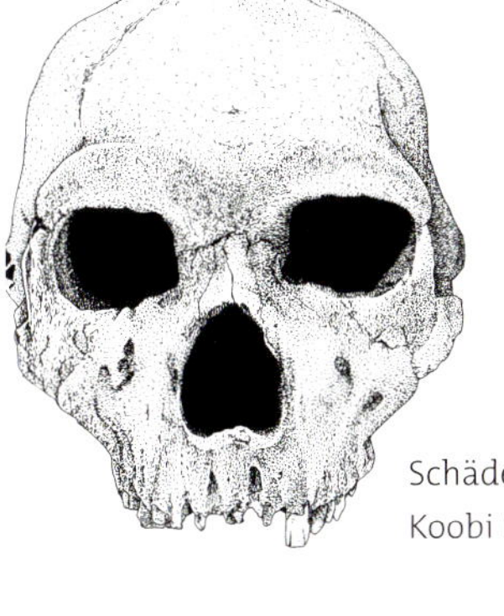

Schädel KNM-ER 3733 aus Koobi Fora, Kenia

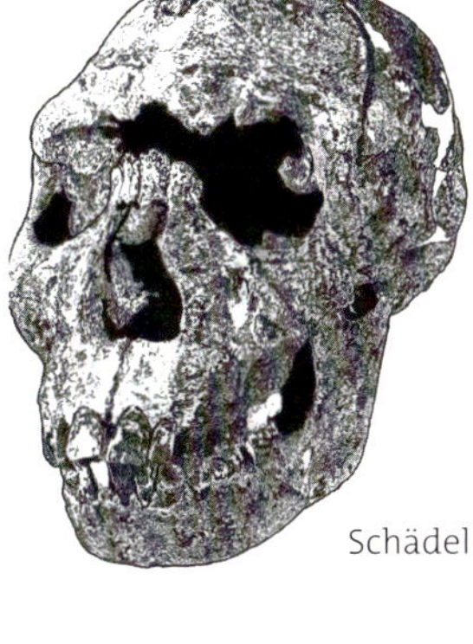

Schädel des Turkana Boys

Christine Michel

Von Rasseln und Rätselkisten – Soziales Lernen als Schlüssel zum Menschsein

Lernen ist etwas Großartiges! Es ermöglicht uns, uns ständig weiter zu entwickeln und auf dieser Basis Neues zu erschaffen. Glücklicherweise muss nicht jede und jeder das Rad neu erfinden, sondern wir bauen auf dem Wissen unserer Vorfahren auf, erweitern dieses ständig und sammeln es in Enzyklopädien oder auf Online-Seiten.

Dabei haben wir alle klein angefangen und unsere Lern-Expedition gestartet. Und die ist im Bauch schon in vollem Gange. Ein Beispiel: Erzählt man Föten im letzten Schwangerschaftsmonat wiederholt eine Geschichte, so scheinen sie sich später noch daran zu erinnern. Sie reagieren nach der Geburt besonders darauf, wenn sie diese Geschichte erneut hören. Wenn wir diesen Text hier lesen, haben wir diese frühe Entwicklungsphase bereits hinter uns gelassen und können uns nicht mehr daran erinnern, wie es war, das Licht der Welt zu erblicken. Wir können uns nur vorstellen, wie aufregend, laut und vielleicht auch überfordernd es gewesen sein muss, unsere Umwelt zum ersten Mal mit allen Sinnen zu erfahren. Es ist daher beeindruckend, wie gut sich Neugeborene zurechtfinden. Dabei stellt sich die spannende Frage, woher Babys wissen, welche der vielen Informationen, die auf sie einströmen, wichtig für sie sind und welche sie gelassen ausblenden können. Die entwicklungspsychologische Forschung der letzten Jahrzehnte hat eine mögliche Antwort darauf: die Kleinen orientieren sich an ihren Mitmenschen.

Bereits Neugeborene finden Gesichter und biologische Bewegung, also Bewegungsmuster, die von Lebewesen stammen, besonders spannend. Sie sind zudem sehr gut darin, die Blickrichtung anderer Menschen zu erkennen und können schon früh bemerken, wenn sie angeschaut werden. Die Blickrichtung anderer Menschen ist ein Hinweis darauf, worauf die Person ihre Aufmerksamkeit richtet. Wenn sich zum Beispiel in einem Gespräch eine Person immer wieder von uns abwendet und zur Seite schaut, folgen wir meist ihrer Blickrichtung, um herauszufinden, was es dort Spannendes zu sehen gibt.

1 Neugieriges Kind.

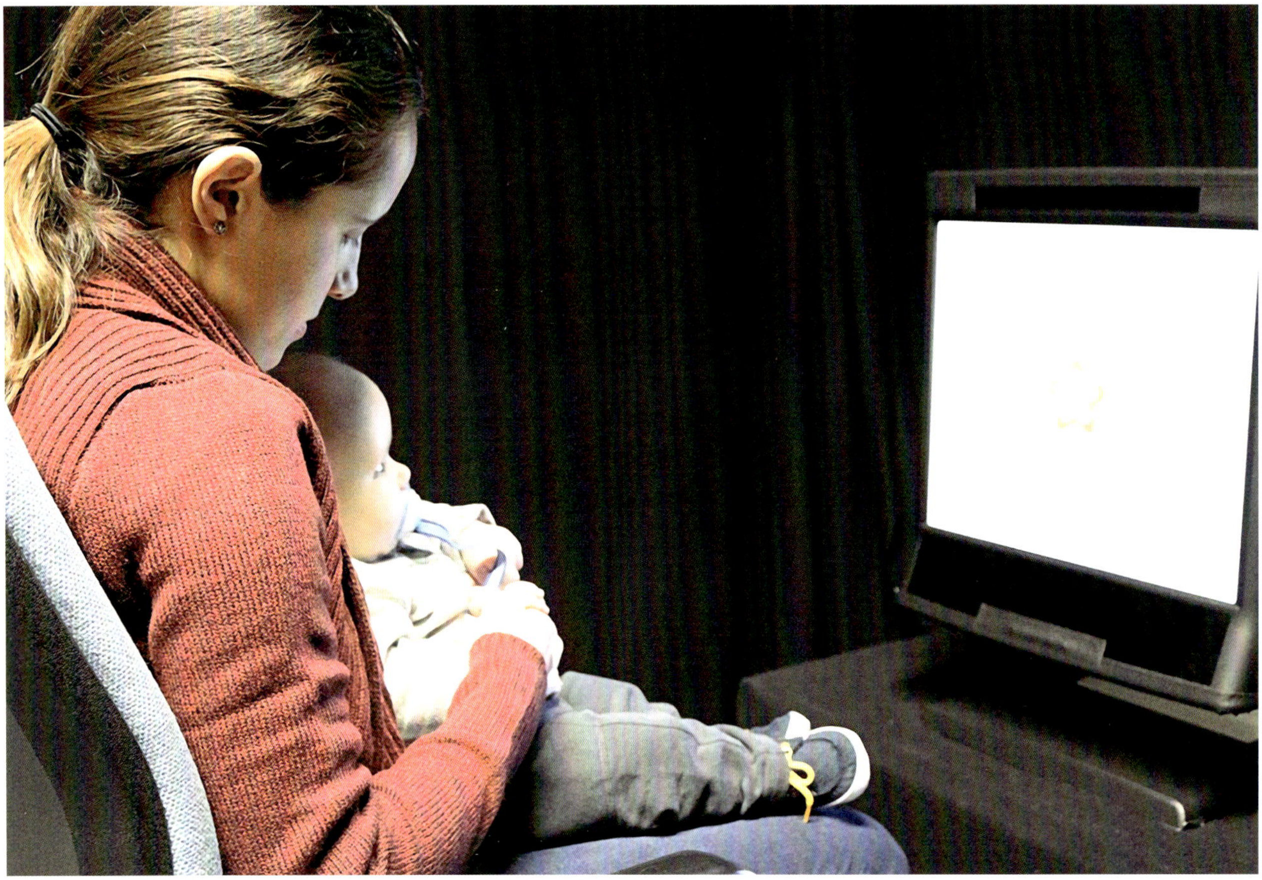

2 Das Baby sitzt gespannt vor dem Eyetracker, einem besonderen Gerät, das genau erkennt, auf welche Stelle des Bildschirms das Kind blickt.

Ein ähnliches Verhalten zeigen schon Säuglinge. Sie schauen nicht nur dem Blick anderer Menschen hinterher, sondern nutzen die Blickrichtung anderer, um zu lernen: In einer Reihe von Studien konnte gezeigt werden, dass bereits vier Monate alte Säuglinge solche Gegenstände besser verarbeiten und wiedererkennen, die von einer anderen Person angeschaut wurden. Woher wissen wir das? Fragen können wir die Kleinen schließlich nicht. Eine Möglichkeit ist, zu untersuchen, wo Kinder hinschauen. Man kann Kinder dazu filmen und später das Video dahingehend auswerten. Es gibt aber auch Geräte, sogenannte Eyetracker, welche computerbasiert Auskunft darüber geben, wohin der Blick einer Person fällt.

Abb. 2

In einer Reihe von Studien sahen Babys, wie eine Person ein Spielzeug, zum Beispiel einen Ball, anschaut und von einem anderen Spielzeug, zum Beispiel einer Rassel, wegschaut. Anschließend wurden die beiden Spielzeuge erneut gezeigt. Die Babys schauten im Schnitt länger auf das Spielzeug, das zuvor nicht von der Person angeschaut wurde, in unserem Beispiel also auf die Rassel. Was bedeutet dieses Ergebnis? Säuglinge bevorzugen Neues: sie schauen länger auf solche Dinge, die neu und dadurch spannend für sie sind. Wenn Babys sehen, wie eine andere Person auf den Ball schaut, wird die Aufmerksamkeit des Kindes darauf gelenkt und der Ball wird besser abgespeichert. Sieht das Kind den Ball noch ein zweites Mal, ist er schon bekannt und dadurch weniger interessant. Das andere Spielzeug, hier die Rassel, ist bei erneuter Präsentation noch unbekannt und wird deswegen länger angeschaut. Aus diesen Ergebnissen schließen Forscher/-innen, dass die Blickrichtung anderer Personen die Aufmerksamkeit von Babys lenkt und ihnen dabei hilft, sich auf wichtige Dinge in ihrer Umwelt zu konzentrieren.

Aber ist das jetzt typisch menschlich? So richtig wissen wir das noch nicht, aber die Vermutung liegt nahe, dass Menschen vergleichsweise viele Informationen aus der Blickrichtung anderer ziehen können. Woran liegt das? Menschliche Augen haben im Vergleich zu Augen anderer Spezies einen besonders großen Kontrast zwischen der schwarzen Pupille und dem weißen Untergrund. *Abb. 3*

Könnte der typisch menschliche Schwarz-Weiß-Kontrast der Augen Babys dabei helfen, zu erkennen, was andere Menschen als wichtig ansehen? Um dies herauszufinden, haben Forscherinnen vier Monate alten Babys verschiedene Videos gezeigt. Die Babys sahen zum einen schwarze Punkte, die sich auf einem weißen Hintergrund zur Seite bewegten, ganz so wie Augen, die zur Seite blicken. Dabei „blickten" die Augen in Richtung eines Spielzeugs und weg von einem anderen. *Abb. 4* Bei erneuter Präsentation der beiden Spielzeuge guckten die Babys – genau wie in den vorherigen Studien – länger auf das Spielzeug, von dem sich die Augen abgewandt hatten. Es scheint, als haben schwarze Punkte auf weißem Hintergrund den gleichen Effekt wie die Blickrichtung einer Person: sie lenken die Aufmerksamkeit der Kinder auf Dinge in der Umwelt und die Kinder lernen gezielt etwas darüber. Später sind diese Dinge bekannter und daher uninteressanter und werden kürzer angeschaut.

In einem anderen Versuch sahen die Kinder das gleiche Video, nur dieses Mal war der Kontrast vertauscht: es bewegten sich weiße Punkte auf einem schwarzen Hintergrund. Nun zeigte sich kein so deutlicher Einfluss der „Augenbewegung" auf die Blickzeiten der Kinder. Das heißt, weiße Punkte auf schwarzem Hintergrund lenkten die Aufmerksamkeit der Babys weniger als schwarze Punkte auf weißem Hintergrund. Diese Art Studien geben uns Hinweise darauf, dass die Aufmerksamkeit von Babys durch ihre Mitmenschen gelenkt werden kann. Augen scheinen dabei eine besondere Rolle zu spielen.

Soziales Lernen, also Lernen von anderen Menschen, ist noch weitaus facettenreicher. Je älter Kinder werden, umso größer werden ihr Handlungsspielraum und ihre motorischen Fähigkeiten. Kinder können nun selbst komplexe Handlungen zielgerichtet ausführen. Eine entscheidende Fähigkeit dabei ist, andere zu beobachten und gesehene Handlungen selbst auszuführen, also nachzuahmen. Um die Entwicklung dieses Beobachtungslernens zu untersuchen, kommen in der Forschung oft Rätselkisten zum Einsatz. *Abb. 5*

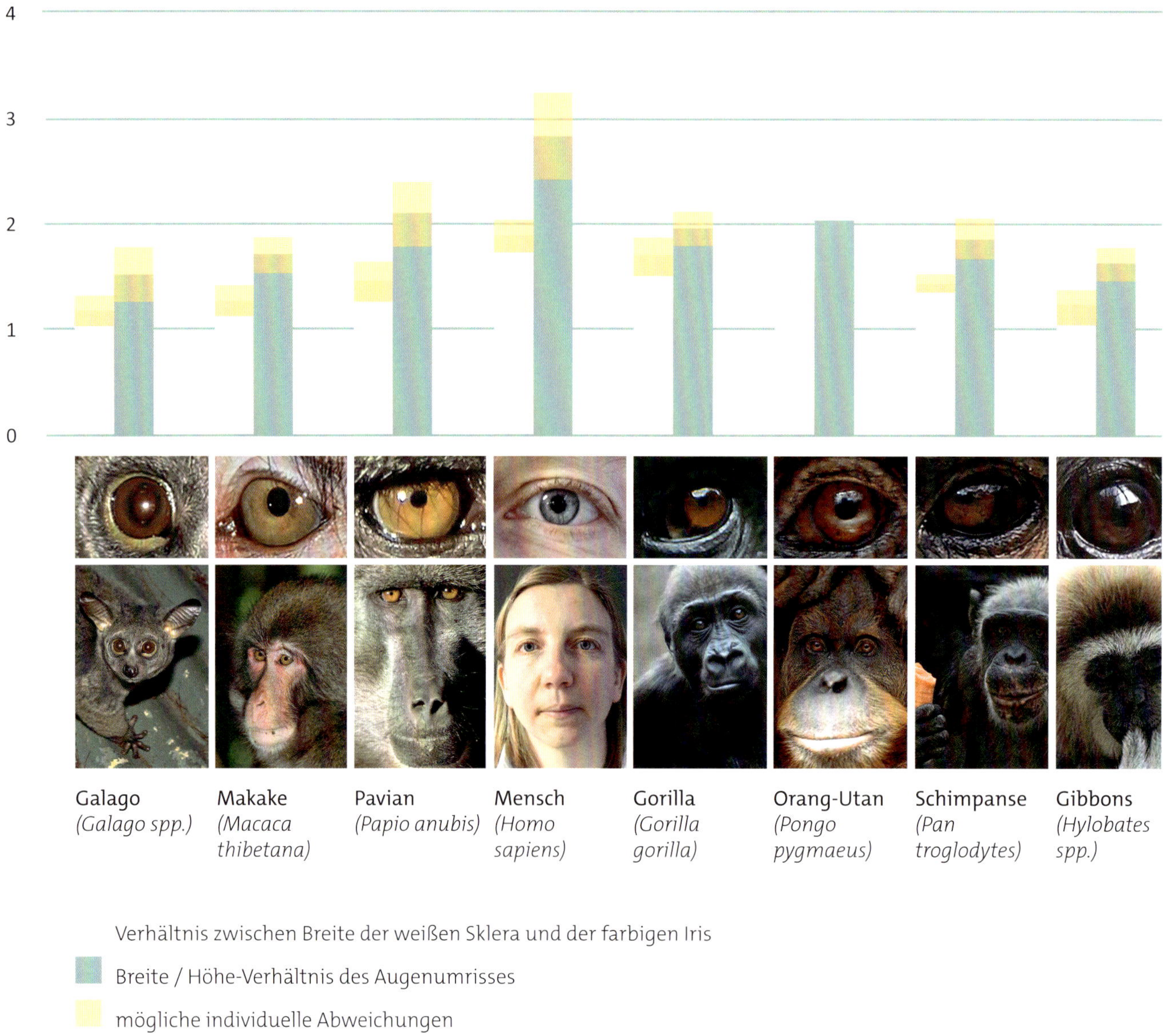

3 Vergleich der Augen verschiedener Spezies. Auffällig ist der starke Schwarz-Weiß-Kontrast bei Menschenaugen, der den Menschen hilft zu erkennen, in welche Richtung ihr Gegenüber blickt.

An solchen Rätselkisten kann man verschiedene Handlungen ausführen, zum Beispiel einen Hebel drücken, einen Stab hineinstecken oder darauf klopfen. Meist beinhalten diese Kisten eine Belohnung. In Studien zum Beobachtungslernen wird Kindern gezeigt, wie man die Belohnung aus der Kiste bekommt (zum Beispiel indem man einen Stab in eine Öffnung steckt). Anschließend dürfen Kinder selbst versuchen, die Kiste zu lösen. Hierbei wird untersucht, ob die Kinder das Ziel erreichen und sie die Handlungen, die dafür nötig sind, nachahmen, also durch Beobachtung erlernt haben.

In der Forschung wird unter anderem zwischen zwei Nachahmungsstrategien unterschieden: der sogenannten Emulation und der Imitation. Bei der Emu-

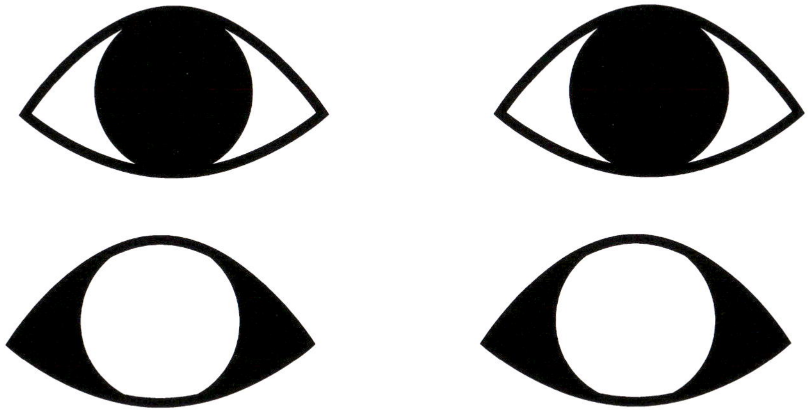

4 Abbildung der „Augen", die die Babys in der Studie gesehen haben. Oben die Augen mit natürlichem Schwarz-Weiß-Kontrast. Unten der geänderte Kontrast mit weißen Punkten auf einem schwarzen Hintergrund.

lation lernt eine Person durch Beobachtung etwas darüber, welches Ziel erreicht werden kann. Das heißt in unserem Beispiel, dass man die Belohnung aus der Rätselkiste herausbekommt. Es ist dabei nicht wichtig, wie genau oder durch welche Handlungsschritte man an die Belohnung kommt. Wichtig ist, *dass* die Belohnung aus der Kiste geholt werden kann. Die Lernenden könnten dafür genauso gut die Box kaputtschlagen, sie umkippen oder ein anderes Werkzeug verwenden. Prozesse der Emulation konzentrieren sich also auf das Ziel einer Handlung, nicht auf den Weg dorthin. Im Gegensatz dazu ist bei der Imitation der Weg das Ziel. Hier lernt eine Person über Beobachtung, wie genau eine Handlung ausgeführt werden muss, um ein Ziel zu erreichen. Bei Imitation würden die Lernenden also den Stab in die gleiche Öffnung stecken, um die Belohnung zu erhalten. Bei Imitation wird Verhalten nachgeahmt, bei Emulation das Ziel.

Unterscheiden sich die Menschen von anderen Spezies in ihrem Imitations- oder Emulationsverhalten? Diese Frage wurde in einer Studie mit Kindern im Alter von etwa vier Jahren und Schimpansen untersucht. Es gab zwei verschiedene Aufgaben: in einer Aufgabe sahen Kinder und Schimpansen eine undurchsichtige Rätselkiste, aus der sie eine Belohnung herausholen konnten. Bei den Kindern war das ein Sticker und bei den Schimpansen eine Leckerei. Versuchsleiter/-innen zeigten verschiedene Aktionen, die man an der Kiste machen konnte. Manche führten zum Ziel: steckte man den Stab in die untere Öffnung der Kiste, so kam man an die Belohnung heran. Eine andere Handlung war dagegen zwecklos: steckte man den Stab in die obere Öffnung, kam man nicht an die Belohnung. Da die Kiste aber undurchsichtig war, war nicht klar zu erkennen, warum nur die untere und nicht die obere Öffnung zum Ziel führte. Die gleiche Prozedur wurde auch an einer durchsichtigen Box gezeigt. Hier sahen die Beobachtenden nun, dass eine eingebaute Platte an der oberen Öffnung ein Durchkommen zur Belohnung verhinderte. Der Mechanismus der Rätselkiste war offensichtlich. Nun waren die Beobachtenden an der Reihe. Würden Kinder und Schimpansen eher imitieren (das heißt, auch die unnötigen Handlungen nach-

5 Beispiel einer Rätselkiste, wie sie in den Studien zum Beobachtungslernen zum Einsatz kommt.

ahmen und den Stab in die obere Öffnung stecken) oder emulieren (das heißt, das Ziel erreichen, indem sie den Stab nur in die untere Öffnung steckten)?

Kinder imitierten bei beiden Rätselkisten, das heißt, sie ahmten auch die unnützen Handlungen nach, und zwar ganz unabhängig davon, ob sie den dahinterliegenden Mechanismus in der Box sehen konnten oder nicht. Schimpansen hingegen imitierten die unnötigen Handlungen nur dann, wenn die Kiste undurchsichtig war und sie die blockierende Platte nicht sehen konnten. War der Mechanismus zum Lösen bei der durchsichtigen Kiste offensichtlich, emulierten sie und holten die Belohnung aus der unteren Öffnung heraus. Warum aber ahmen Kinder offensichtlich unnötige Handlungen nach und Schimpansen nicht? Was sagt uns dieses Ergebnis über Unterschiede im sozialen Lernen zwischen den Spezies Mensch und Schimpanse?

Die aktuelle Forschung diskutiert eine Vielzahl an Erklärungen dafür, warum Kinder unnötige Handlungen nachahmen. Sie könnten zum Beispiel soziale

Normen als Grund ansehen etwas nachzuahmen, was eigentlich keinen Sinn ergibt („Das macht man nun mal so!"). Sie könnten auch der Person, die ihnen eine sinnlose Handlung zeigt, eine gewisse Absicht unterstellen („Es wird schon einen Grund haben, warum die so etwas Seltsames tut. Ich mache es lieber nach!"). Oder aber Kinder wünschen sich dazu zu gehören, und ein imitierendes, also genau gleich nachahmendes Verhalten könnte ein Gefühl der Zugehörigkeit begünstigen („Wenn ich es genauso wie die andere mache, dann gehöre ich dazu!"). Im Laufe der Evolution begannen Menschen in immer größeren Gruppen zusammen zu leben, und ein gemeinsames Miteinander und Kooperationen gewannen an Stellenwert. Es wird deswegen vermutet, dass es für Menschen besonders wichtig ist, bei anderen gut anzukommen und dazuzugehören, da wir so leichter Kooperationspartner finden, mit deren Hilfe unser Zusammen- und Überleben leichter wird. Bei Schimpansen könnte dieser Aspekt weniger ausgeprägt sein, sodass sie sich eher auf die Zielerreichung konzentrieren als auf soziale Prozesse – und deswegen emulieren. Manche Forscher vermuten sogar, dass Schimpansen gar nicht in der Lage sind, über Imitation zu lernen.

Beim sozialen Lernen scheinen Kinder großen Wert auf soziale Normen, Zugehörigkeiten und Absichten zu legen. Dafür spricht auch ein weiterer Befund: Kinder lassen sich durch andere von ihrer Strategie beim Lösen einer Rätselkiste abbringen. Dabei übernehmen sie die Strategien Gleichaltriger häufiger, wenn diese sie dabei beobachten. Menschenaffen hingegen lässt es kalt, wenn ein anderer Affe eine neue Lösungsstrategie für die Rätselkiste gefunden hat – sie bleiben eher bei ihrer eigenen Strategie. Kinder werden in ihrem Verhalten also weitaus stärker durch andere Kinder beeinflusst als Menschenaffen von anderen Menschenaffen.

In der Wissenschaft herrscht eine rege Debatte darüber, warum und unter welchen Umständen Menschen und andere Spezies unnötige Handlungen imitieren – und damit auch darüber, unter welchen Umständen sie am besten von Gleichgesinnten lernen. Es wird vermutet, dass Imitation und das Lernen über unnütze Handlungen wichtig dafür sind, dass wir als Spezies Mensch kulturelles Wissen weitergeben können. Kulturelles Wissen beinhaltet zum Beispiel Abläufe von Ritualen oder Bräuchen, die keine offensichtliche physikalische Funktion haben, aber einen hohen Stellenwert innerhalb einer Kultur einnehmen. Durch reine Emulation (das Ziel erreichen) könnten diese Informationen schwerer an die nächste Generation weitergegeben werden oder gingen verloren.

Ob nun Rasseln oder Rätselkisten: Das Feld des sozialen Lernens ist breit gefächert und mithilfe entwicklungspsychologischer Studien kommen wir dem Rätsel des Menschseins immer ein bisschen näher. Gleichzeitig sind wir aber noch weit davon entfernt, alles zu verstehen. Das macht das Lernen über uns selbst als Spezies Mensch so überaus spannend!

Weiterführende Literatur

Dunn, K./Reid, V. 2020 Prenatal cognition. In: The Encyclopedia of Child and Adolescent Development (Hoboken 2020) 1–9. https://doi.org/doi:10.1002/9781119171492.wecad137

Haun, D. B. M./Rekers, Y./Tomasello, M. 2014 Children conform to the behavior of peers; other great apes stick with what they know. Psychological Science 25, 2014, 2160–2167. https://doi.org/10.1177/0956797614553235

Hoehl, S./Keupp, S./Schleihauf, H./McGuigan, N./Buttelmann, D./Whiten, A. 2019 'Over-imitation': a review and appraisal of a decade of research. Developmental Review 51, 2019, 90–108. https://doi.org/10.1016/j.dr.2018.12.002

Horner, V./Whiten, A. 2005 Causal knowledge and imitation/emulation switching in chimpanzees (*Pan troglodytes*) and children (*Homo sapiens*). Animal Cognition 8(3), 2005, 164–181. https://doi.org/10.1007/s10071-004-0239-6

Kobayashi, H./Kohshima, S. 1997 Unique morphology of the human eye. Nature 387, 1997, 767–768. https://doi.org/10.1038/42842

Michel, C./Wronski, C./Pauen, S./Daum, M. M./Hoehl, S. 2019 Infants' object processing is guided specifically by social cues. Neuropsychologia 126, 2019, 54–61. https://doi.org/10.1016/j.neuropsychologia.2017.05.022

Reid, V. M./Striano, T. 2005 Adult gaze influences infant attention and object processing: Implications for cognitive neuroscience. European Journal of Neuroscience, 21(6), 1763–1766, 2005. https://doi.org/10.1111/j.1460-9568.2005.03986.x

Schleihauf, H./Hoehl, S. 2020 A dual-process perspective on over-imitation. Developmental Review 55, 2020, 100896. https://doi.org/10.1016/j.dr.2020.100896

Simion, F./Di Giorgio, E./Leo, I./Bardi, L. 2011 The processing of social stimuli in early infancy: From faces to biological motion perception. Progress in Brain Research 189, 2011, 173–193. https://doi.org/10.1016/b978-0-444-53884-0.00024-5

Tennie, C./Call, J./Tomasello, M. 2012 Untrained himpanzees (*Pan troglodytes schweinfurthii*) fail to imitate novel actions. PLOS ONE 7(8), 2012, e41548.

Homo erectus

Steckbrief

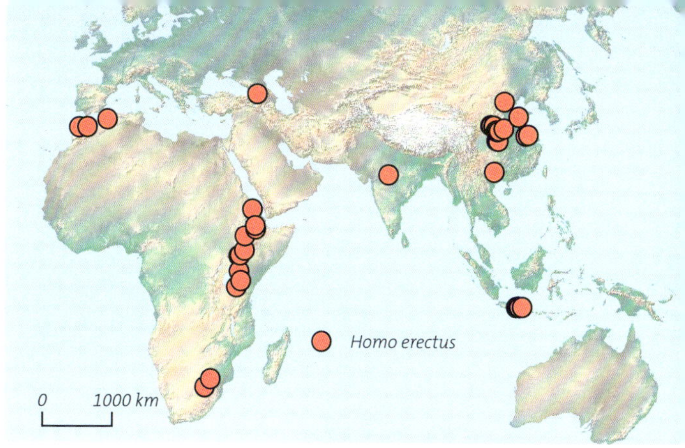

Gesichtsrekonstruktion

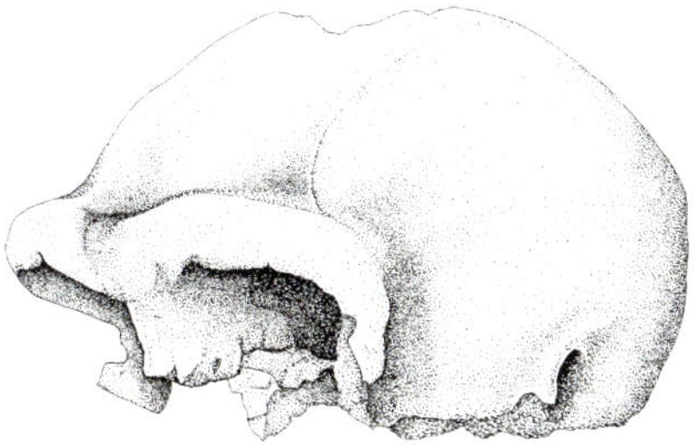
Schädelkalotte OH9 aus Olduvai, Tansania

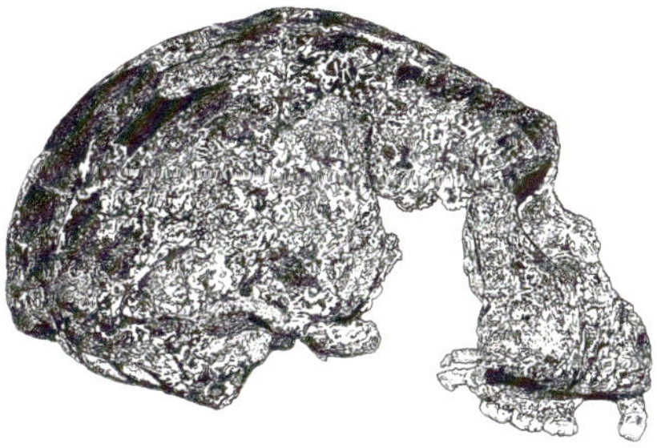
Schädel Sangiran 17, Indonesien

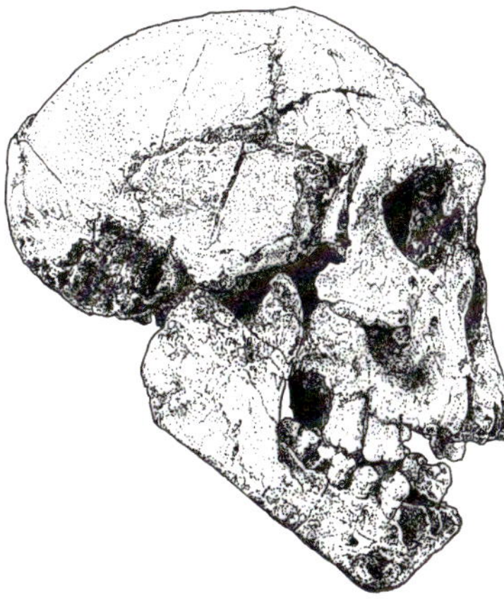
Schädel D2700 aus Dmanisi, Georgien

Entdeckung:

Die ersten Überreste des *Homo erectus* entdeckte 1891 Eugène Dubois in Trinil auf der Insel Java (Indonesien). Es handelte sich hierbei um einen Gehirnschädel.

Fundorte:

Indonesien: Sangiran, Sambungmacan, Trinil, Ngandong, Kedung Brubus, Mojokerto.

China: Zhoukoudian und weitere Fundorte.

Georgien: Dmanisi.

Südafrika: Saldanha.

Tunesien: Ternifine.

Kenia, Tansania, Äthiopien, Marokko (weitere Fundorte).

Funde:

Schädelknochen, Zähne, Unterkieferknochen, Extremitätenknochen.

Alter:

1,9 Millionen–110.000 Jahren.

Gehirnvolumen:

circa 870–1.150 cm^3.

Merkmale:

Allgemein gilt *Homo erectus* als die erste Art der Gattung *Homo*, die den afrikanischen Kontinent verließ. Da sich die vorhandenen Überreste aus den unterschiedlichen Gegenden jedoch sehr unterscheiden, ist nicht sicher geklärt, ob es sich bei den Funden aus Afrika und Europa tatsächlich um dieselbe Art wie die des asiatischen *Homo erectus* handelt.

Vertreter des *Homo erectus* bewegten sich wie heutige Menschen fort. Ihre geschätzte Körpergröße und ihr Gewicht weist eine große Bandbreite zwischen 1,45–1,80 m und 50–60 kg auf. Ihre Ernährung war vermutlich sehr variabel und bestand sowohl aus Pflanzenteilen als auch tierischer Nahrung.

Mithilfe eines besonders gut erhaltenen Schädels konnte festgestellt werden, dass *Homo erectus* bereits eine knorpelige Nase, ähnlich der moderner Menschen, besaßen, was zu einer verbesserten Thermoregulation der Atemluft führte und dadurch die Ausdauer und eine generell aktivere Lebensweise unterstützte. Daneben kann auch der flexible Daumen nachgewiesen werden, der ihm Feinmotorik verlieh. Skelette von *Homo erectus* gleichen sehr denen moderner Menschen und unterscheiden sich hauptsächlich durch ihre stärkere Knochendichte und leicht langgestreckte Schädel mit starken Überaugenwülsten.

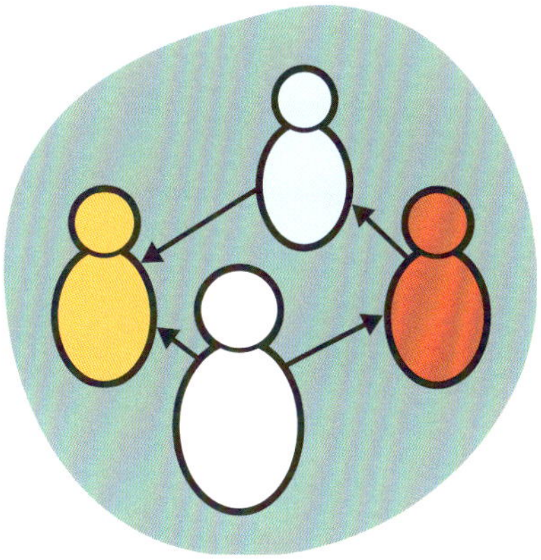

Oliver Schlaudt

Habitus: Die kulturelle Grundierung

Vier Szenen

I

Susanne und Patrick betreten das Klassenzimmer. Die Luft ist stickig und verbraucht. Patrick verzieht das Gesicht: keine schöne Aussicht, hier arbeiten zu müssen. Susanne öffnet kurzerhand das Fenster, frische Luft strömt ein. Patrick stutzt. Warum ist er nicht selbst auf die Idee gekommen? Der Handgriff ist ihm aus tausendfacher Wiederholung bekannt, auch hat er die Hände frei. Gleichwohl hat er es nicht getan, ja nicht einmal daran gedacht.

II

An den Hängen der Rocky Mountains setzt der Winter früh ein. Für die Dickhornschafe wird die Futtersuche schwieriger. Einige Tiere werden auf den Höhen ausharren, aber die meisten lassen sich allmählich vom Schnee und den kalten Winden in tiefere Regionen treiben. Sie folgen einem Generationen alten Muster. Aber sie wissen das nicht. Die Jungtiere folgen der Herde. In wenigen Jahren werden sie es sein, die die alljährliche Wanderung beginnen. *Abb. 1*

III

Die Gruppe hat den Abstieg in das enge Tal in der Nähe des Dorfes Langda auf Neuguinea geschafft. Auch einige Kinder sind dabei. Sie freuen sich darauf, im kühlen Wasser herumzutollen, während die Erwachsenen am Ufer des Gebirgsbachs nach geeigneten Steinen suchen. Schnell finden die Männer einen von der richtigen Größe. Sie befühlen ihn, schlagen mit einem großen Kiesel auf ihn. Sie sind skeptisch, einer schüttelt den Kopf. Der Stein klingt nicht „gut". Sie lassen von ihm ab und arbeiten sich weiter das Ufer entlang. Die Kinder haben schon längst die Fluten erobert und kommen auf ihre Kosten. *Abb. 2*

1 Junges Dickhornschaf im Badlands National Park, South Dakota, USA.

2 Die Suche und gewissenhafte Prüfung von Steinen für die Herstellung von Axtköpfen in Neuguinea.

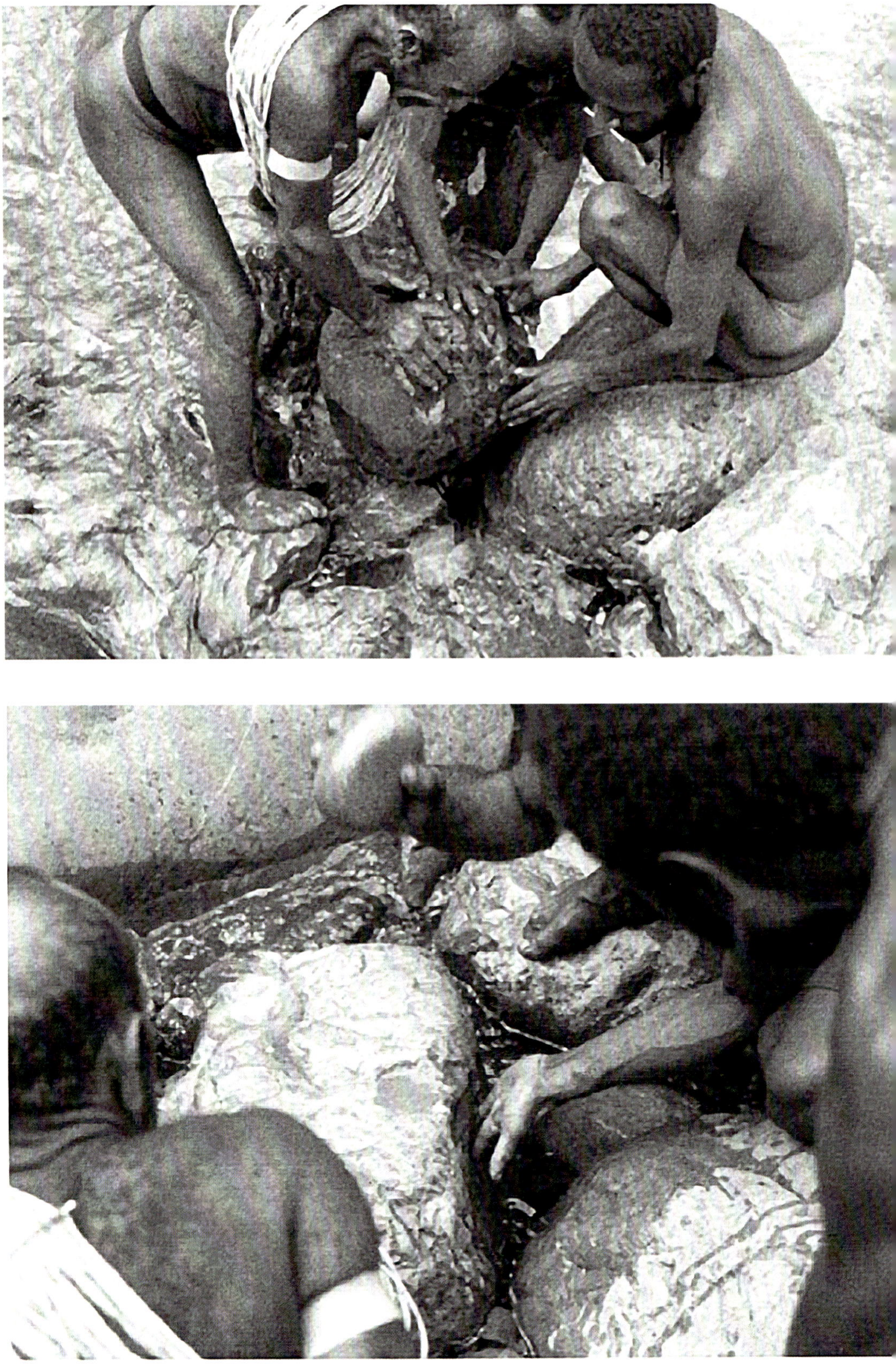

IV

„Geopolitik“, antwortet Armand unumwunden auf die Frage nach seinen Interessen. Er ist 17, sein Gesicht noch kindlich. Welches denn die Kriegsparteien im Syrienkonflikt seien, hakt der Vorsitzende der Prüfungskommission nach. Aus der Antwort wird deutlich, dass Armand dies nicht weiß. „Anfängerfehler“, wird der Vorsitzende sagen, nachdem Armand den Raum verlassen hat, und lacht verschmitzt. „Den nehmen wir“. Hamid hätte die Antwort vielleicht gewusst. Die Fernsehbilder über den Bürgerkrieg faszinieren ihn, und er folgt aufmerksam den Nachrichten, wenn sein Bruder nicht wegzappt. Aber hier vor der fremden Jury zu sitzen, behagt ihm nicht. Er senkt oft den Blick und reagiert zurückhaltend. Ihm bleibt der Zugang zu der Eliteuniversität verwehrt.

Habitus

Das französische Bildungssystem ist für Fremde ein Rätsel, denn ein Streben nach Elite und die Forderung nach Gleichheit gehen darin seit zweihundert Jahren Hand in Hand. Das Land, so der Konsens, benötigt eine starke Elite von Ingenieuren, Militärs, Verwaltungsbeamten und Diplomaten. Voraussetzung

3 „Kultur gleich Kapital", Lichtinstallation von Alfredo Jaar am Portikus des Residenzschlosses Braunschweig, 2016. Kultur und Kapital stehen seit jeher in einem spannungsreichen Verhältnis. Der Soziologe Pierre Bourdieu schlug vor, Kultur als eine besondere Art von Kapital zu verstehen, um die Wirkungsweise und Vererbung von Ungleichheiten in unserer Gesellschaft zu erklären.

für eine solche Laufbahn soll aber allein die Begabung sein, gleich, ob man einer Pariser Dynastie entstammt oder auf einem Bauernhof in der Provinz aufgewachsen ist. Jede/r soll jederzeit die Möglichkeit haben, sofern die Aufgabe ihren/seinen Fähigkeiten entspricht. Dass die Wirklichkeit nicht nur in Frankreich ganz anders aussieht, ist vielleicht nicht überraschend, aber doch auch nicht so leicht zu erklären. Was bringt ein Kind aus „guten" Verhältnissen mit, dass es zum Beispiel bei einem Bewerbungsgespräch Erfolg hat? Nicht das Geld seiner Eltern. Aber es gibt auch ein „immaterielles" Erbe. „Habitus" nannte es der Soziologe Pierre Bourdieu, oder auch „kulturelles Kapital". Es ist dies eine milieuspezifische Haltung, die aber zum Beispiel in Schule oder Vorstellungsgespräch als individuelle Charaktereigenschaft wahrgenommen wird. Susanne ist forscher als Patrick, Armand souveräner als Hamid.

Pierre Bourdieu schuf die Theorie des kulturellen Kapitals, um zu verstehen, wie sich Ungleichheiten in modernen, auf Gleichheit ausgelegten Gesellschaften über die Generationen vererben und reproduzieren. Diese Theorie kann aber auch nützlich sein, um die Anfänge der menschlichen Kultur besser zu verstehen. Verhaltensforschung und Psychologie haben seit Langem die Bedeutung des Lernens für die Weitergabe der Kultur bei vielen Arten von Tieren und insbesondere dem Menschen betont. Nicht nur durch die Gene, sondern auch durch kulturelle Tradierung werden kulturelle Praktiken an die nächste Generation weitergegeben. Man unterscheidet zwischen verschiedenen Arten des Lernens: bloßes Nachahmen durch den Jüngeren, bewusstes Vormachen durch den Älteren, schließlich das eigentliche Lehren, das mit korrigierenden Eingriffen und erläuterndem Kommentar einhergeht. Der Habitus hingegen verweist auf eine noch grundlegendere Art des Lernens. Weder das Dickhornschaf noch das Kind der Pariser Oberschicht machen den Älteren wirklich eine „Handlung" nach. Sie erleben das Verhalten der Älteren nicht als geplantes, absichtsvolles Handeln, bei dem ein bestimmter Weg eingeschlagen wird, um einen Zweck zu erreichen. Sie machen einfach mit, gehen denselben Weg wie die Älteren, nehmen an Gesprächen teil, entwickeln durch ein bestimmtes Angebot ihrer Umwelt einen ähnlichen Geschmack. Der Habitus ähnelt eher einer Grundstimmung, in der die Kinder baden, von der sie sich durchtränken und tragen lassen. Bourdieu verglich dies mit der Osmose, dem allmählichen Einsickern einer Flüssigkeit durch eine feinporige Scheidewand. Beim Abendessen wohnen die Kinder den Gesprächen der Eltern bei, bekommen mit, was wichtig ist, wie man worüber spricht, was man sich herausnimmt oder verbietet. Die Kinder aus Neuguinea mögen der Arbeit der Älteren kaum Beachtung geschenkt haben. Gleichwohl werden sie später wie von alleine wissen, wie und wo man das geeignete Rohmaterial für die Herstellung der steinernen Axtköpfe findet. Aus diesem kulturellen Humus erwächst die menschliche Kultur.

Abb. 3

Weiterführende Literatur

Bourdieu, P./Passeron, J. C. 2007 Die Erben: Studenten, Bildung und Kultur (Konstanz 2007).

Haidle, M. N./Schlaudt, O. 2020 Where does cumulative culture begin? A plea for a sociologically informed perspective. Biological Theory 15, 2020, 161–174. https://doi.org/10.1007/s13752-020-00351-w

Jesmer, B. R./Merkle, J. A./Goheen, J. R./Aikens, E. O./Beck, J. L./Courtemanch, A. B./Hurley, M. A./McWhirter, D. E./Miyasaki, H. M./Monteith, K. L./Kauffman, M. J. 2018 Is ungulate migration culturally transmitted? Evidence of social learning from translocated animals. Science 361(6406), 2018, 1023–1025. https://doi.org/10.1126/science.aat0985

Stout, D. 2002 Skill and cognition in stone tool production: an ethnographic case study from Irian Jaya. Current Anthropology 43(5), 2002, 693–722. https://doi.org/10.1086/342638

Homo heidelbergensis

Steckbrief

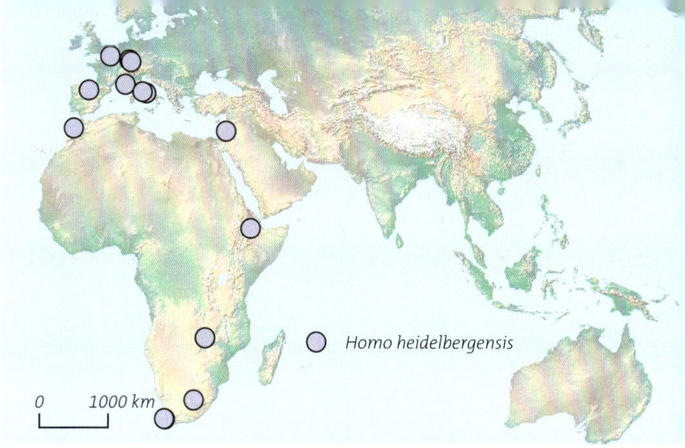

Entdeckung:

Das erste Fossil dieser Art ist ein bereits 1907 von Daniel Hartmann in Mauer bei Heidelberg entdeckter Unterkiefer.

Fundorte:

Deutschland: Mauer, Steinheim.

Spanien: Atapuerca.

Großbritannien: Swanscombe.

Frankreich: Arago.

Ungarn: Vértesszöllös.

Griechenland: Petralona.

Marokko: Steinbruch Thomas.

Israel: Zuttiyeh.

Äthiopien: Bodo.

Zambia: Kabwe.

South Africa: Elandsfontein.

Funde:

Schädelknochen, Unterkiefer, Extremitätenknochen.

Alter:

600.000–200.000 Jahre.

Gehirnvolumen:

circa 1.116–1.450 cm^3.

Merkmale:

Homo heidelbergensis unterscheidet sich anatomisch nur gering von *Homo erectus* und *Homo sapiens neanderthalensis*, was in der Forschung bis heute zur andauernden Diskussion führt, ob es sich hierbei tatsächlich um eine eigene Spezies handelt. Dafür sprechen einige Merkmale an Kiefer und Zähnen; die anatomische Ähnlichkeit zum Neandertaler und das ähnlich große Gehirnvolumen sprechen dagegen. Genetische Hinweise deuten auch eine enge Verwandtschaft zu Denisova-Menschen an. Inwieweit auch afrikanische Funde der gleichen Zeitstellung *Homo heidelbergensis* zuzuordnen sind, wird kontrovers diskutiert.

Wie die Neandertaler fertigte *Homo heidelbergensis* eine Vielzahl von Werkzeugen an. Neben Steinwerkzeugen werden auch die berühmten hölzernen Speere und Wurfhölzer aus Schöningen *Homo heidelbergensis* zugeordnet. Die Ernährung der circa 1,60–1,75 m großen und 60–80 kg schweren *Homo heidelbergensis* beruhte vermutlich – wie bei allen Jäger- und Sammler-Gesellschaften – auf einem hohen Pflanzenanteil.

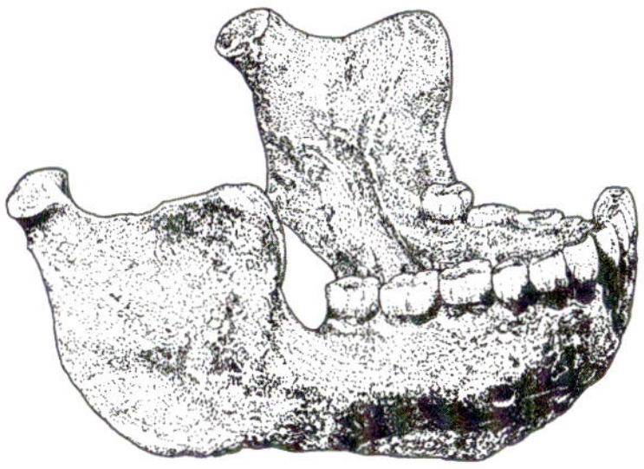

Unterkiefer von Mauer bei Heidelberg

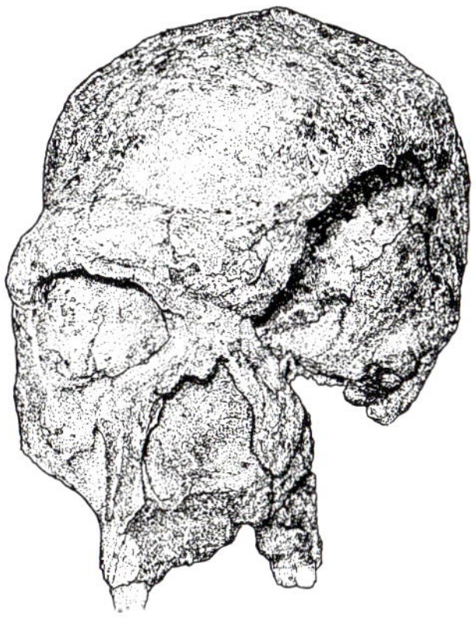

Schädel von Steinheim, Deutschland

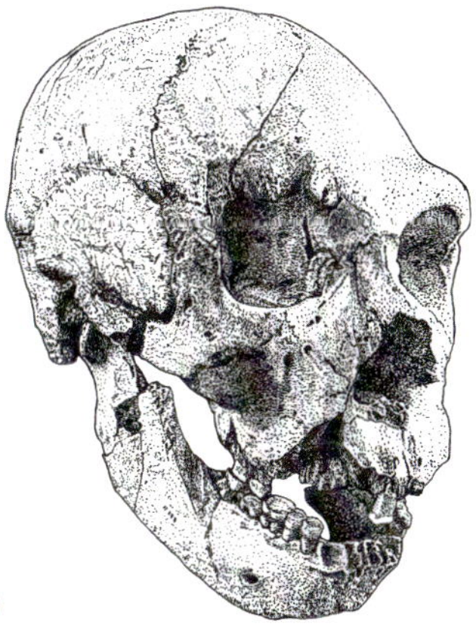

Schädel Nr. 5 aus der Sima de los Huesos in Atapuerca, Spanien

Schädel von Bodo, Äthiopien

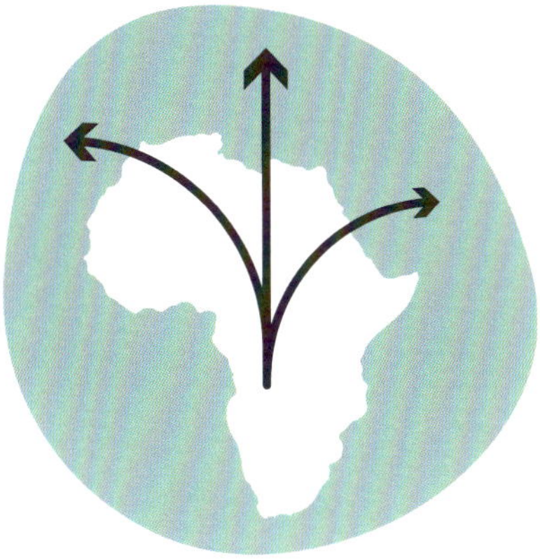

Miriam Noël Haidle

Über die Berge, in die weite Welt. Spuren menschlicher Ausbreitungen

Ursprungs- und Ausbreitungsideen

Wie die Geschichte des menschlichen kulturellen Verhaltens ist auch die damit verknüpfte Geschichte der menschlichen Ausbreitung über die ganze Welt starken Veränderungen unterworfen. Zum einen gab es im Verlauf dieser Geschichten verschiedenartigen Wandel: weder die kulturellen Fähigkeiten und ihr Ausdruck noch die Art und Geschwindigkeit der Verbreitung blieben gleich. Zum anderen verschoben sich durch neue Funde und andere Herangehensweisen die Blickwinkel auf die Abläufe, sodass die Geschichten an sich verändert werden mussten.

Mit den Ideen Charles Darwins zur Entwicklung der Arten und mit dem Erkennen erster fossiler Menschenreste im Neandertal bei Düsseldorf begann man vor etwa 150 Jahren, sich über Vorformen heutiger Menschen aus vorbiblischen Zeiten Gedanken zu machen. Anfang des 20. Jahrhunderts waren verschiedene Formen aus Asien (*Homo erectus*) und Europa (Neandertaler und *Homo heidelbergensis*) bekannt. Doch als Raymond Dart 1925 mit dem Australopithecinenkind von Taung erstmals einen von Darwin vorhergesagten Vormenschenfund aus Afrika präsentierte, wollte niemand daran glauben. Erst mit zahlreichen weiteren Funden aus Süd- und Ostafrika in den 1960er und 1970er Jahren wurde ein früher afrikanischer Ursprung der Menschheit allgemein anerkannt. Nach einer weltweiten Ausbreitung, so nahm man an, entwickelten sich aus regionalen Vorformen *Homo sapiens*, die heute lebenden modernen Menschen. In den 1980er Jahre rückte Afrika auch als Ursprungsgebiet der modernen Menschen in den Blickpunkt. Aufgrund einer neuen Zusammenschau der vorhandenen Fossilien kam Günther Bräuer zum gleichen Ergebnis wie Rebecca Cann und ihre Kollegen auf der Basis erster genetischer Untersuchungen mit

1 Um 3,5 Millionen Jahre vor heute wanderten Menschenartige aufrecht umher: Der Abguss der Fußspuren von Laetoli zeigt deutlich, dass ihre Großzehe bereits längs der Fußachse ausgerichtet war wie bei uns Menschen heute.

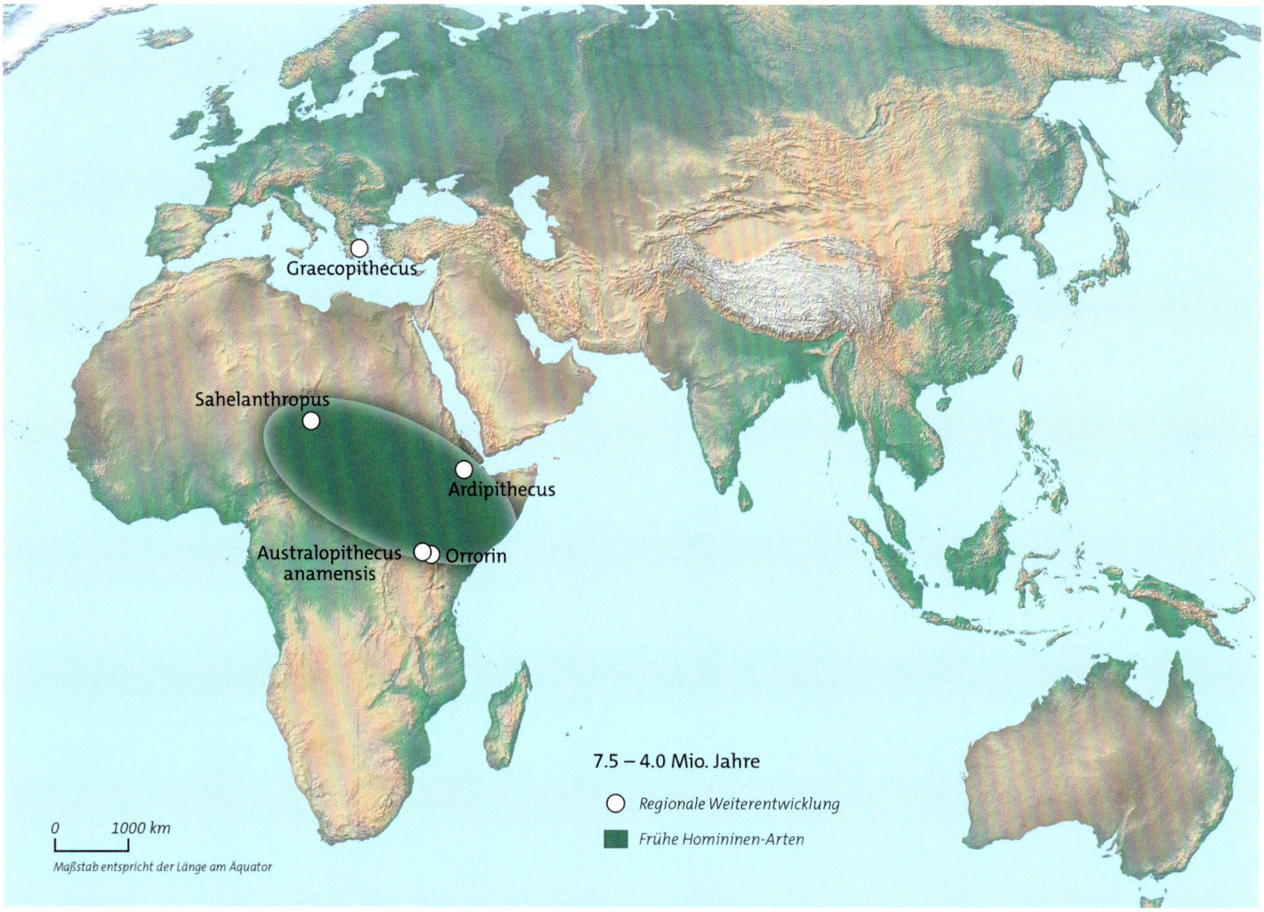

2 Zwischen 7,5 und 4 Millionen Jahren vor heute sind verschiedene Formen aufrecht gehender Menschenähnlicher vor allem aus Ostafrika belegt.

Blick auf unsere Vorfahren: Die gemeinsamen Urahnen unserer Art beziehungsweise die genetische Eva lebten vor 200.000 Jahren in Afrika. In einer zweiten großen Ausbreitung, dem Out-of-Africa II, zwischen 60.000–40.000 Jahren vor heute, verdrängten die anatomisch modernen Menschen die ursprünglicheren Bevölkerungen von Neandertalern in Europa und *Homo erectus* in Asien. Erste genetische Untersuchungen an Neandertalern in den 1990er und 2000er Jahren schienen dieses Bild zu bestätigen.

Seit 2010 aber wandelt sich unsere Vorstellung erneut. Zahlreiche Fossilfunde bekannter und neuer menschlicher Arten, verbesserte Datierungsmethoden und detailliertere genetische Untersuchungen von Fossilien weisen auf vielfältige Ausbreitungsbewegungen, regionale Entstehungen von Arten, aber auch Vermischungen verschiedener Menschenformen hin. Die Vergangenheit unserer Art ist viel komplizierter als bislang angenommen.

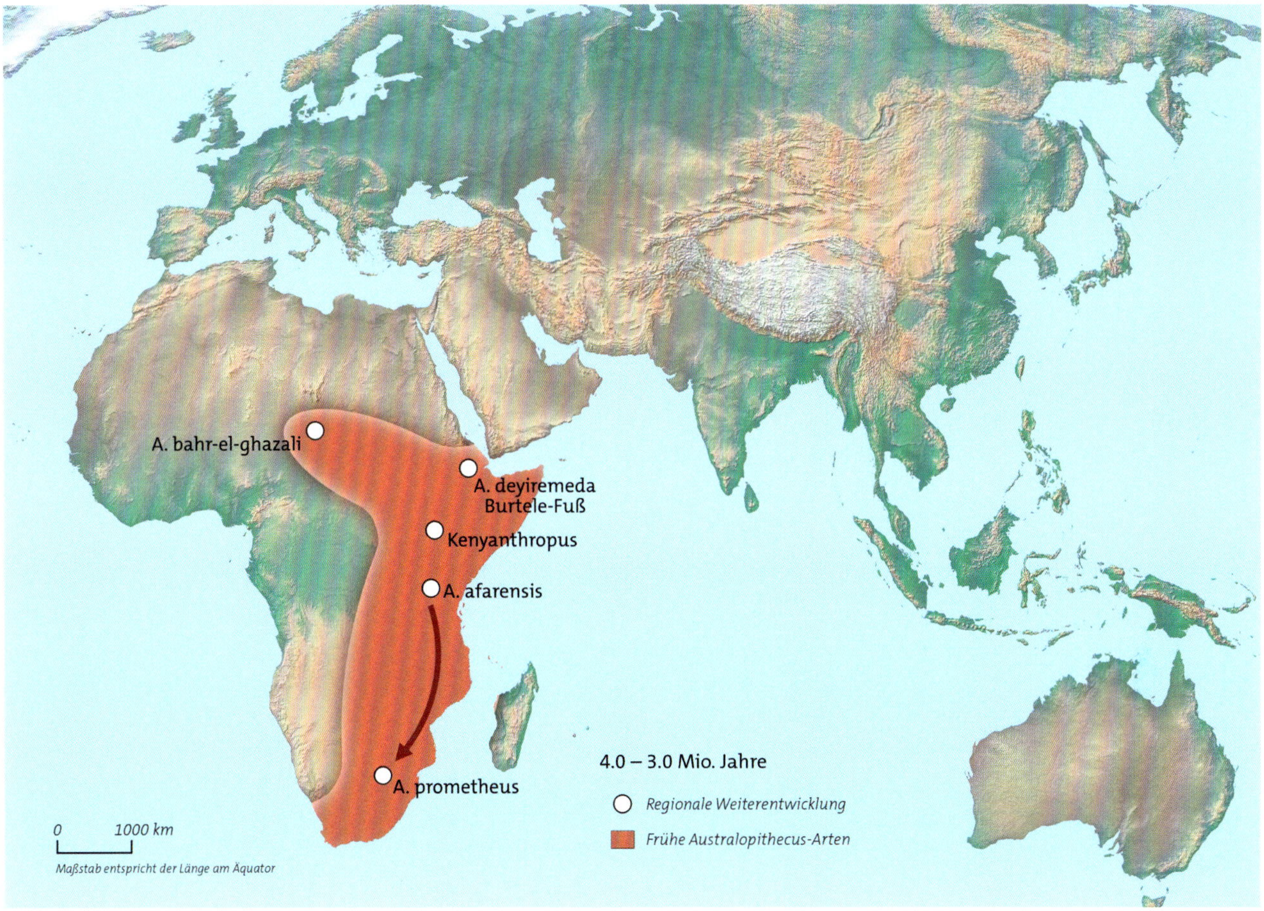

3 Zwischen 4 und 3 Millionen Jahre vor heute entfaltet sich die Gattung der Australopithecinen und breitet sich bis Südafrika aus.

Jenseits des Gewohnten

Ausbreitung ist nicht gleich Ausbreitung. Die räumliche Verbreitung einer Art kann sich aufgrund der räumlichen Veränderung des Lebensraums (Habitats) verändern. Weitet sich das Grasland der Savanne aus und drängt den Wald zurück, breiten sich Savannenbewohner aus, während sich Waldbewohner zurückziehen. Eine andere Möglichkeit ist die Ausbreitung in neue Habitate jenseits der gewohnten Lebensbedingungen. Dies ist nicht exklusiv menschlich, aber ein typisches Merkmal insbesondere der späteren menschlichen Ausbreitungen. Zielgerichtete Migrationen, wie zum Beispiel Auswanderungswellen von Europa nach Amerika im 19. Jahrhundert, sind ein relativ junges menschliches Phänomen, das mit der Vorstellung eines räumlichen Ziels verbunden ist.

Die frühen Expansionen der Menschenartigen und Menschen sind, soweit wir sie heute fassen können, keine klar umrissenen Ereignisse, sondern langfristige Prozesse, deren genaue Abläufe schwer zu rekonstruieren sind. Menschenähnliche bewohnten schon um 6–7 Millionen Jahren einen vielfältigen

Abb. 2 Lebensraum mit Waldflecken, Palmenhainen und Grasflächen. Ihr Leben gestaltete sich bereits zu einem großen Teil auf dem Boden und immer weniger in den Bäumen. In ihrem gesamten Verbreitungsgebiet zeigte sich ein langfristiger Trend der Öffnung des Bewuchses. Die Variabilität der Lebensräume nahm zu und wurde kleinräumiger mit mehr und weniger dichtem Baumbestand, Buschvegetation und Grasland. Wir haben aus dieser Frühzeit zu wenige Funde, um Ausbreitungen nachvollziehen zu können. Doch hatten schon die frühen Menschenähnlichen Eigenschaften, die es ihnen erlaubten, mit diesen Umweltveränderungen klarzukommen und sich so veränderte Habitate zu erschließen. *Graecopithecus freybergi*, *Sahelanthropus tchadensis*, *Orrorin tugenensis* und *Ardipithecus kadabba* bildeten wahrscheinlich keine einheitliche Entwicklungslinie, sondern parallel unterschiedliche Formen zweibeiniger Fortbewegung aus. Die Funktion der Hände wandelte sich allmählich in zweifacher Weise: Zum einen nahm ihre Rolle für die Fortbewegung und damit ihre Stützfunktion ab. Zum anderen gewann eine verbesserte Feinmotorik im Umgang mit Objekten an Bedeutung – die Handhabung von Werkzeugen und ihre Herstellung.

Verschiedene Anpassungen und ein Korridor nach Süden

Zwischen 4 und 3 Millionen Jahren vor heute kühlte das Klima weiter ab und die Unterschiede der Jahreszeiten nahmen zu. In Ostafrika wurde es zunehmend trockener und Grasland breitete sich aus. In dieser Zeit entwickelte sich in Ost- und Zentralafrika die Gattung *Australopithecus*, bei der sich Zweibeinigkeit generell durchgesetzt hatte. Unterschiedliche Verhaltensweisen und Nahrungsvorlieben ermöglichten das Überleben verschiedener Formen in einem Lebensraum. Erste *Australopithecus*-Funde aus Südafrika werden auf bis zu 3,67 Millionen Jahre vor heute datiert. Man nimmt an, dass sich die Australopithecinen durch ihre erweiterte Flexibilität von Ostafrika aus nach Süden ausbreiten konnten. (Abb. 3)

Aus der Zeit vor circa 3,3 Millionen Jahren gibt es erste Hinweise auf eine kulturelle Neuerung, die eine Ausweitung der Ressourcennutzung mit sich brachte und die ganze folgende Menschheitsgeschichte geprägt hat. Mit Steingeräten mit scharfen Kanten konnten sich Menschenartige leichter Teile von Tierkadavern beschaffen, aber auch Pflanzen anders bearbeiten. Es wurde einfacher, verschiedene Nahrungsmöglichkeiten zu nutzen und damit auch neue Wege auszuprobieren. Mit den neuen Techniken wurden die Beziehungen zu den Artgenossen als Wissens- und Erfahrungsquellen wichtiger. Beides war von Vorteil, als um 2,8 Millionen Jahre vor heute generell die Trockenheit, aber auch die Variabilität klimatischer Bedingungen noch einmal zunahm. Die fortschreitende Herausbildung des ostafrikanischen Grabensystems mit einer Absenkung

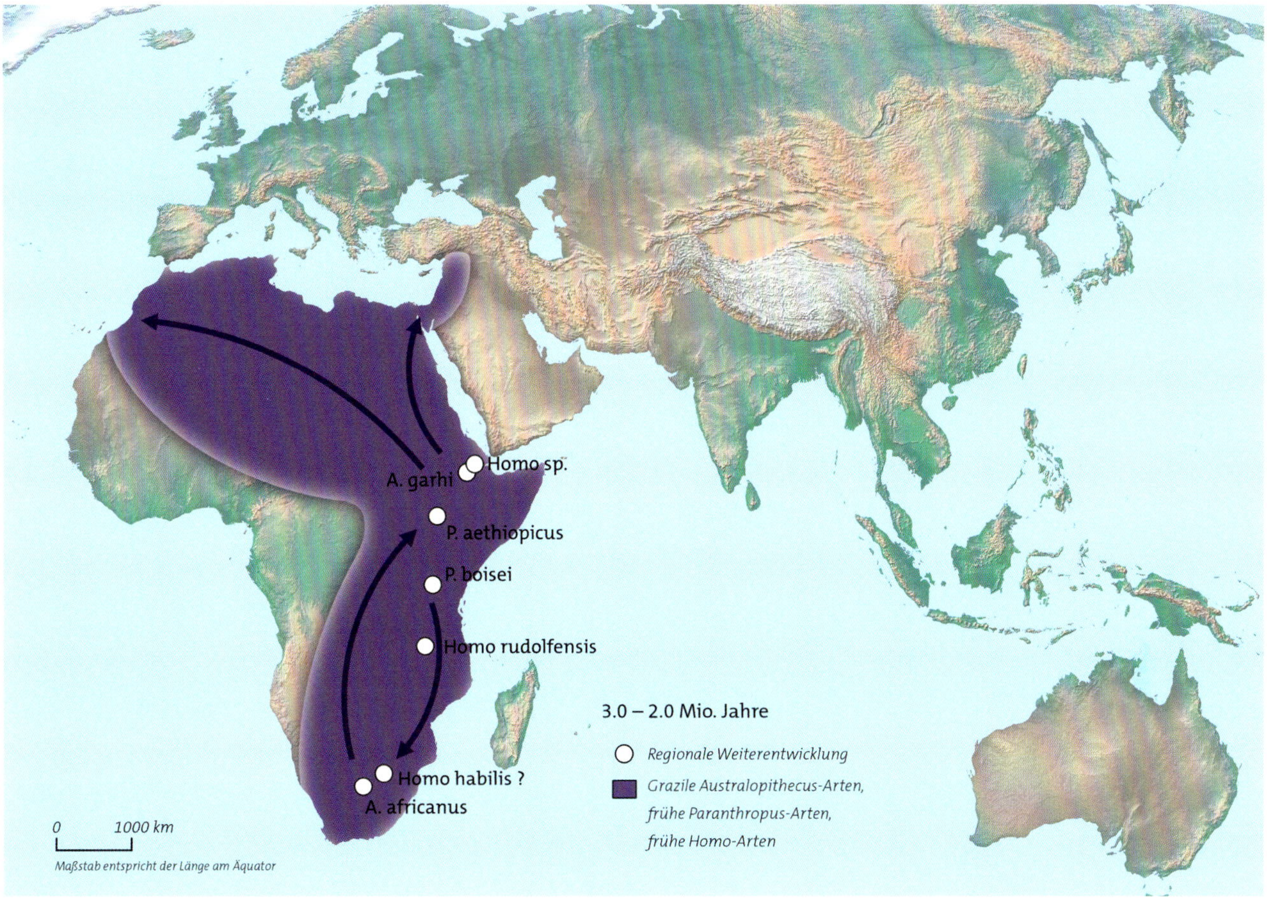

4 Zwischen 3 und 2 Millionen Jahren vor heute bildeten sich *Paranthropus*- und erste *Homo*-Arten heraus, die sich bis in den Norden Afrikas ausbreiteten.

des Grabens in südlicher Richtung und Hebung der Riftschultern führte zu starken klimatischen Unterschieden zwischen verschiedenen Regionen. Zeitweilig öffneten sich Korridore oder bildeten sich Barrieren für die Migration von Tieren und Menschen zwischen Ost- und Südafrika.

In unbewohnte Gebiete

Zwischen 3 und 2 Millionen Jahren vor heute entwickelten sich neben den Australopithecinen zwei neue Gattungen. Während *Paranthropus* robuste Spezialisten für kauintensive pflanzliche Nahrung wie Gräser und Seggen stellte, spezialisierte sich *Homo* zunehmend auf das ‚Nichtspezialisiertsein' mit kleineren Zähnen, flacheren Gesichtern, leicht vergrößertem Gehirn – und vor allem einer Intensivierung des Werkzeuggebrauchs. *Homo*-Vertreter besaßen alles, was eine Ausbreitung in neue Lebensräume erleichterte. Ihre körperlichen Eigenschaften erlaubten eine flexible Fortbewegung mit längerem Laufen ebenso

Abb. 4

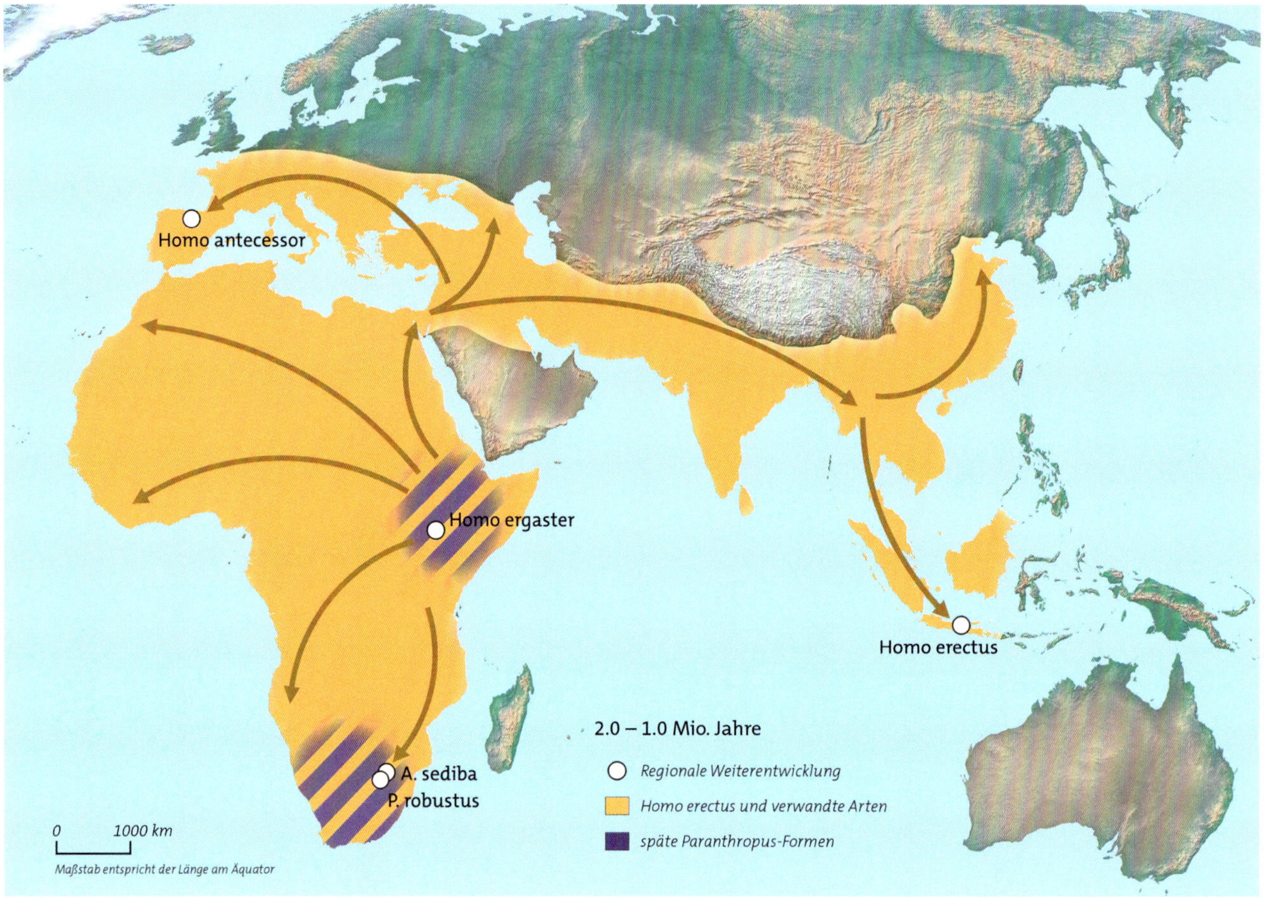

5 Zwischen 2 und 1 Million Jahren vor heute drangen *Homo erectus* und verwandte Arten bis nach Ostasien und Europa vor. In Ost- und Südafrika lebten noch *Australopithecus*- und *Paranthropus*-Arten.

wie Klettern. Durch die Vielfalt ihrer Ernährung waren die Voraussetzungen für einen geeigneten Lebensraum niedriger. Mit ihrer Fingerfertigkeit im Umgang mit verschiedenen Materialien und Werkzeugen, ihrem sozialen Miteinander, ihren zunehmenden geistigen Fähigkeiten und, aus all dem resultierend, ihren wachsenden kulturellen Möglichkeiten, konnten sie sich rasch auf neue Bedingungen einstellen. Ein Vordringen in Gebiete, die nicht exakt den afrikanischen Umwelten entsprachen, war so möglich, und die Neugier half, über den nächsten Berg zu schauen.

Wie abhängig wir oft beim Schreiben der menschlichen Expansionsgeschichte von einzelnen Funden und ihren Datierungen sind, zeigen die Entwicklungen der letzten Jahre. Knapp 30 Jahre lang galt die 1,8 Millionen Jahre alte Fundstelle Dmanisi in Georgien mit einfachen Steingeräten und menschlichen Fossilien als ältester Beleg für eine erste Ausbreitung der Menschen außerhalb Afrikas. Seit 2018 mehren sich die Hinweise, dass *Homo* ihr afrikanisches Kerngebiet schon deutlich früher erweiterten – nach Nordafrika mit der bis zu 2,4 Millionen Jahre alten algerischen Fundstelle Ain Boucherit, in die Levante mit

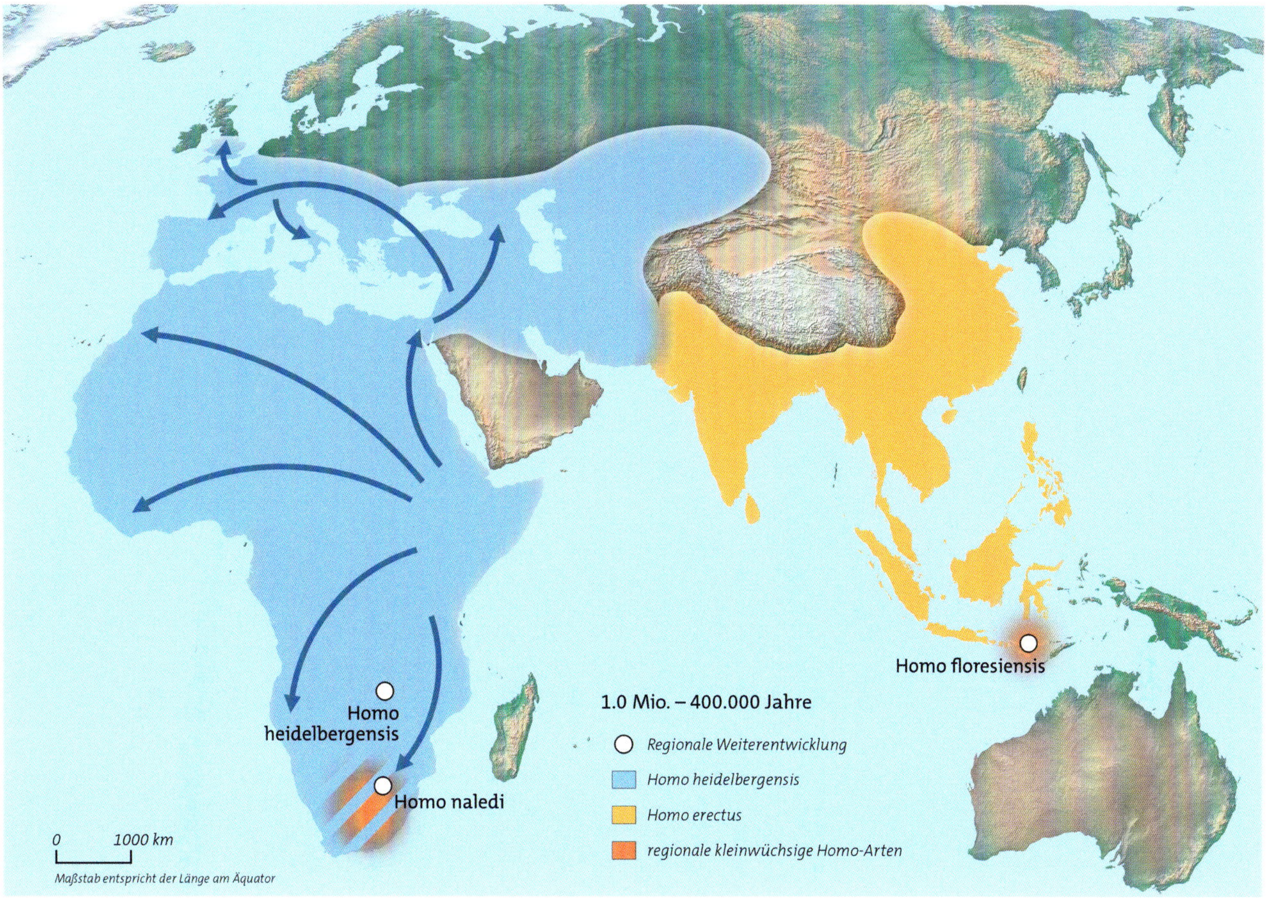

6 Zwischen einer Million und 400.000 Jahren vor heute breitete sich von Afrika aus *Homo heidelbergensis* in Europa und Teilen Asiens aus. Im Süden Afrikas und auf der Insel Flores in Südostasien bildeten sich regionale kleinwüchsige *Homo*-Arten heraus.

den bis zu 2,48 Millionen Jahre alten Funden aus dem jordanischen Zarqa-Tal, und – kaum später – bis nach Ostasien mit der bis 2,1 Millionen Jahre alten Fundstelle Shangchen in Zentralchina.

Aufgrund der wenigen Funde und der groben Datierung ist es schwer zu sagen, wie schnell die Ausbreitung in die von Menschen noch unbewohnten Gebiete außerhalb Afrikas war. Rechnet man mit einer Verlagerung der Schweifgebiete von durchschnittlich nur 1 km pro Generation (circa 20 Jahre) in eine Richtung, dann können in 200.000 Jahren 10.000 km leicht überbrückt werden. Um 1,6 Millionen Jahre vor heute weisen Fossil- und Werkzeugfunde auf eine Besiedlung von Java und dem nördlichen China durch *Homo erectus* hin. Erste Funde in Europa stammen aus dem Mittelmeerraum aus einer Zeit vor bis zu 1,2–1,4 Millionen Jahren. Wahrscheinlich war es nicht ein Ausbreitungsereignis, sondern ein allmählicher Prozess aus mehreren Ausbreitungs- und Rückzugsbewegungen. Für Ostasien bleibt ebenso wie für Europa unklar, ob die Funde eine dauerhafte Besiedlung belegen oder nur Hinweise auf wiederkehrende Vorstöße in Zeiten günstiger Umweltbedingungen sind.

Abb. 5

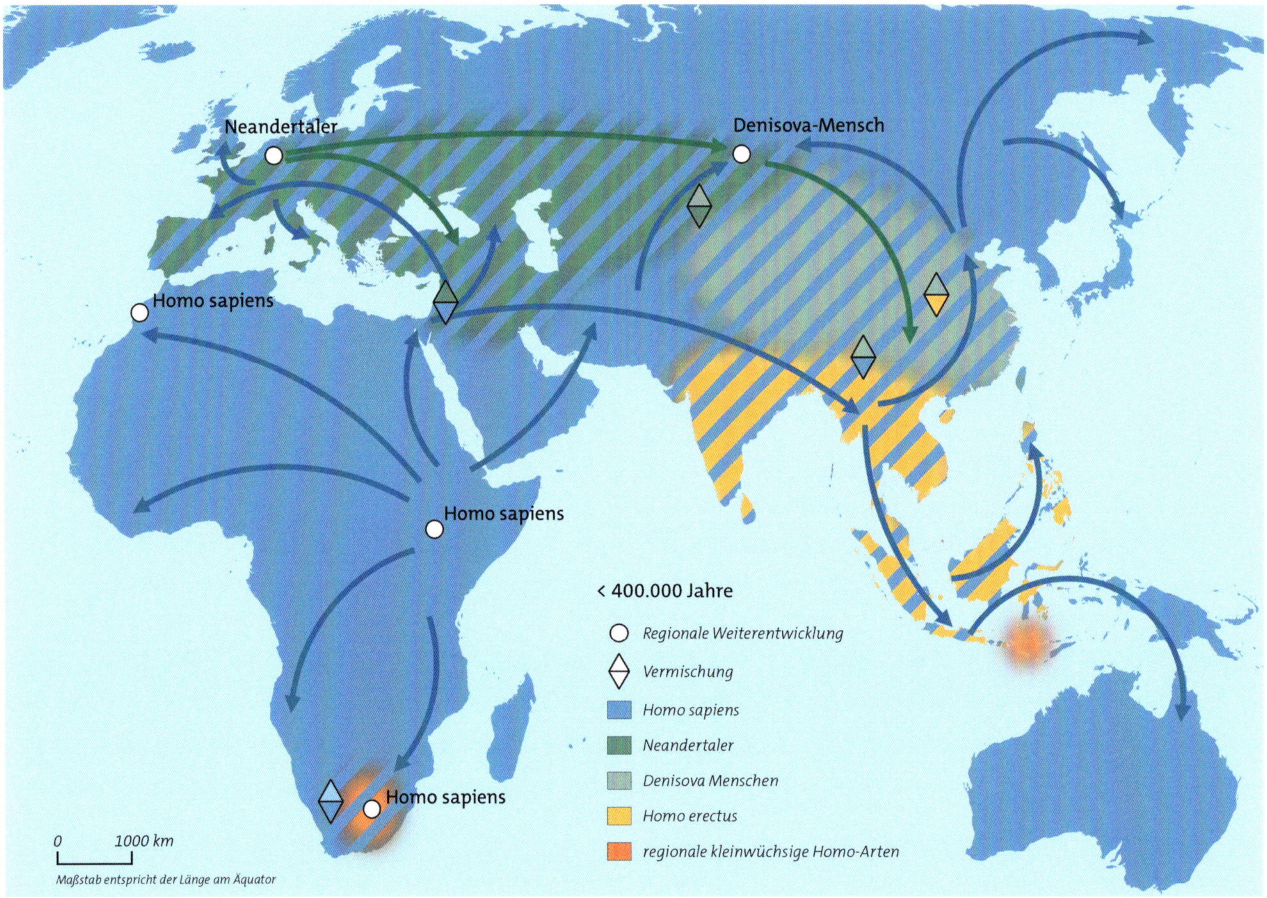

7 Ab 400.000 Jahre vor heute entwickelten sich in Europa Neandertaler, in Asien Denisova-Menschen und in Afrika *Homo sapiens*. Bei den verschiedenen Ausbreitungen dieser Arten kam es nicht selten zu Vermischungen. Heute besiedeln Menschen die ganze Erde.

Vielfältige Bewegungen

Ausbreitungen in bislang unbewohnte Gebiete sind sowohl anhand von Fossilien als auch Artefakten relativ einfach zu fassen. Sind Regionen aber einmal von Menschen erreicht, wird es schwierig. Gehören die späteren Knochen zu einer neu eingewanderten Gruppe oder zu Nachfahren der Erstbesiedler, die durchgängig vor Ort waren? Wurden die neuen Werkzeugformen mehrfach entwickelt oder aus einer Ursprungsregion verbreitet? Erste Funde einer neuen Steingerätetechnologie in Ostafrika sind um 1,75 Millionen Jahre alt. Mit ihr stellten Menschen aus großen, zunehmend flächig bearbeiteten Rohstücken gut handhabbare Werkzeuge mit groben, aber stabilen Kanten her: Faustkeile. Obwohl diese neue flächige Bearbeitung bereits um 1,5 Millionen Jahre vor heute an einzelnen Fundstellen in der Levante sowie eventuell in Indien verwendet wurde, scheint sie sich erst circa 600.000 Jahre später in Asien und Europa wirklich durchgesetzt zu haben. Wenn diese neue Technologie nicht vielerorts unabhängig voneinander erfunden wurde, legen die Funde eine zweite und möglicherweise auch eine dritte Ausbreitungswelle nach einer Million Jahren vor heute nahe.

Seit einer Million Jahren vor heute haben sich die weltweiten Klimaschwankungen verstärkt. Ausgeprägte Eiszeiten und Warmzeiten wechselten sich ab. *Abb. 6* Die sich immer wieder ändernden Bedingungen konnten Migrationen behindern oder auch erleichtern. Wüsten wurden unpassierbar oder ergrünten, Eisbarrieren entstanden und machten später dichten Wäldern Platz, weite Kältesteppen ernährten in Eurasien zeitweise Herden großer Säugetiere. In vielen Regionen der Welt bildeten sich neue Menschenformen heraus, die wie *Homo naledi* und *Homo floresiensis* auf kleine Gebiete beschränkt blieben oder sich ausbreiteten, wie man es für *Homo heidelbergensis* von Afrika nach Europa annimmt. Um etwa 500.000 Jahre vor heute trennten sich Menschengruppen, die sich später in Europa zu Neandertalern und irgendwo in Asien zu Denisova-Menschen entwickelten. In Afrika entwickelte sich parallel dazu *Homo sapiens*. Neue Funde aus Nordafrika mit einem Alter von mehr als 300.000 Jahren und einer Mischung aus alten und neuen Merkmalen legen eine langsame und mit dem gesamten afrikanischen Kontinent verflochtene Entwicklung unserer Art nahe.

Immer wieder Afrika

Auch die Ausbreitungsgeschichte von *Homo sapiens* war wohl nicht so kurz und geradlinig, wie man lange dachte. Frühe genetische Einflüsse auf europäische Neandertalergruppen und Fossilfunde aus Griechenland und Israel *Abb. 7* zeigen bereits um 200.000 Jahre vor heute ihre erste Anwesenheit außerhalb Afrikas an. Die weitere Ausbreitung verlief wahrscheinlich in mehreren Wellen. Um 120.000 Jahre vor heute gibt es Hinweise von der arabischen Halbinsel, um 80.000 Jahre vor heute könnten sie über Indien bis nach China vorgedrungen sein, um 70.000 Jahre vor heute werden Funde aus Südostasien datiert. Auf ihrem Weg durch die von anderen Menschen bewohnte Welt haben sich die *Homo sapiens* immer wieder mit diesen Menschengruppen vermischt. Ab etwa 40.000 Jahren vor heute wurden anatomisch moderne Menschen die in Eurasien vorherrschende Menschenform. Und vor mehr als 50.000 Jahren begannen sie die verbliebenen unbewohnten Gebiete für sich zu erschließen: Australien, die Subarktis und Arktis, schließlich Nord- und Südamerika und zuletzt die pazifische Inselwelt.

Die tiefe Geschichte der Menschen ist nur weltweit zu verstehen. Auf jedem Kontinent wurden eigene Beiträge gebracht und mit der Gesamtentwicklung verknüpft. Afrika allerdings sticht hervor. Die erste Besiedlung Eurasiens durch Menschen ging von Afrika aus, alle heutigen Menschen haben Ursprünge in

Afrika, und dazwischen kamen viele Impulse von dort. Warum spielt Afrika diese besondere Rolle? Paul Bons und Kolleg/-innen haben darauf eine erstaunliche mathematische Antwort. In ihrem Modell können ohne besondere Umwelt- oder andere äußere Faktoren aus großen, relativ dicht besiedelten Gebieten große Ausbreitungswellen entstehen, die von zahlreichen kleineren Wanderungswellen begleitet werden. Afrika war über Jahrmillionen hinweg die größte Region mit relativ dichter menschlicher Besiedlung, was sie statistisch zum wahrscheinlichsten Ursprungsort der heutigen Menschen macht. So einfach könnte es gewesen sein.

Weiterführende Literatur

Bellwood, P. (Hg.) 2013 The global prehistory of human migration (Chichester 2013).

Bons, P. D./Bauer, C. C./Bocherens, H./de Riese, T./Drucker, D. G./Francken, M./Menéndez, L./Uhl, A./van Milligen, B. P./Wißing, C. 2019 Out of Africa by spontaneous migration waves. PloS One 14(4), 2019, e0201998.

Groucutt, H. S./Petraglia, M. D./Bailey, G./Scerri, E. M. L./Parton, A./Clark-Balzan, L./Jennings, R. P./Lewis, L./Blinkhorn, J./Drake, N. A./Breeze, P. S./Inglis, R. H./Devès, M. H./ Meredith-Williams, M./Boivin, N./Thomas, M. G./Scally, A. 2015 Rethinking the dispersal of *Homo sapiens* out of Africa. Evolutionary Anthropology 24, 2015, 149–164.

Haidle, M. N. 2019 *Homo migrans*: Spuren menschlicher Expansionen von 7 Millionen bis 5000 v. Chr. In: R. Rollinger/H. Stadler (Hg.), 7 Millionen Jahre Migrationsgeschichte (Innsbruck 2019) 41–90.

Homo sapiens neanderthalensis

Steckbrief

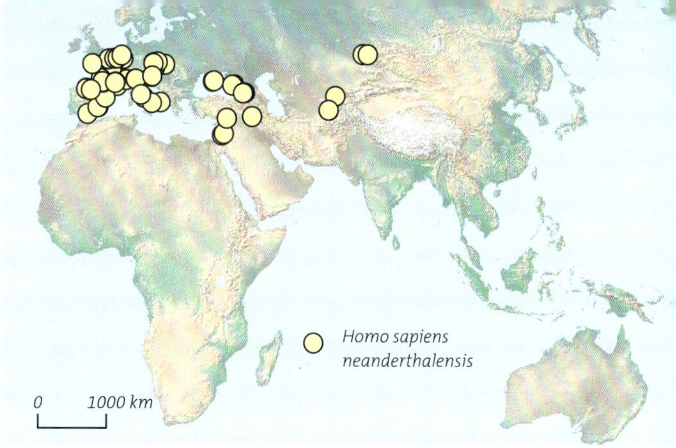

Entdeckung:

1829 entdeckte Philippe-Charles Schmerling in einer Höhle bei Engis nahe Lüttich (Belgien) erste Fossilien. Aber erst 1856 erkannte William King anhand der Überreste aus der Feldhofer Grotte im Neandertal bei Düsseldorf eine eigene Menschenart. Dies stellte zusammen mit der 1859 von Charles Darwin erschienenen Publikation zur Evolutionstheorie den christlichen Schöpfungsmythos in Frage.

Fundorte:

Europa: Belgien, Deutschland, Frankreich, Georgien, Großbritannien, Italien, Kroatien, Portugal, Spanien, Tschechien, Ungarn.

Zentralasien: Usbekistan, Russland.

Vorderasien: Israel, Irak, Syrien, Türkei.

Funde:

nahezu vollständige Skelette, insbesondere Schädel, Wirbelsäule, Schulterblätter, Arm- und Beinknochen.

Alter:

circa 175.000–30.000 Jahre.

Gehirnvolumen:

circa 1.200–1.740 cm^3.

Merkmale:

Mit Überresten von mehr als 300 Individuen sind Neandertaler die am besten bekannten fossilen Menschen. Anatomisch unterscheiden sie sich wenig von heutigen Menschen. Insgesamt waren sie von etwas kräftigerer und gedrungenerer Statur. Ihr Hirnschädel war groß und relativ lang, sie besaßen Überaugenwülste, eine relativ breite Nasenöffnung und kein Kinn. Die Form des Zungenbeins belegt, dass sie die anatomischen Voraussetzungen zum Sprechen besaßen.

Ihre Ernährung war sehr variabel: Anhand von Isotopenuntersuchungen an Zähnen nahm man lange generell einen sehr hohen Fleischanteil an, Untersuchungen an Zahnstein zeigten für spanische Fossilien dagegen eine reiche pflanzliche Kost. Neandertaler nutzten ein breites Werkzeugspektrum. Sie schäfteten Steinwerkzeuge in Holzgriffe mithilfe von Birkenpech, konnten wahrscheinlich Feuer herstellen und nutzten roten Ockerfarbstoff. Es gibt Hinweise, dass sie Tote bestatteten. Genetische Untersuchungen belegen, dass sich Neandertaler sowohl mit *Homo sapiens* als auch mit Denisova-Menschen vermischten.

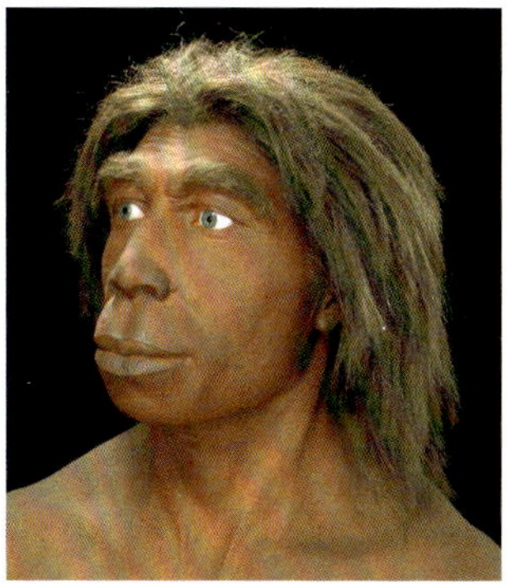

Gesichtsrekonstruktion

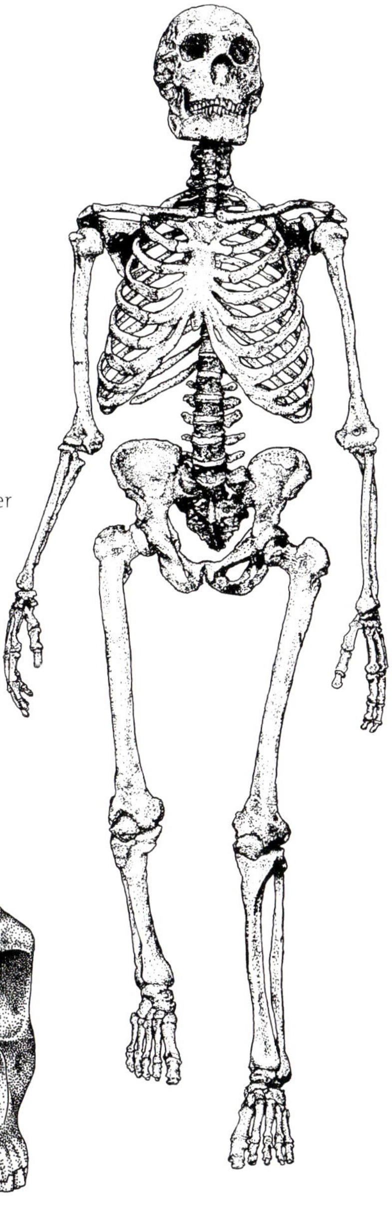

Skelettrekonstruktion, unter Verwendung von La Ferrassie 1 (Frankreich) und Kebara 1 (Israel)

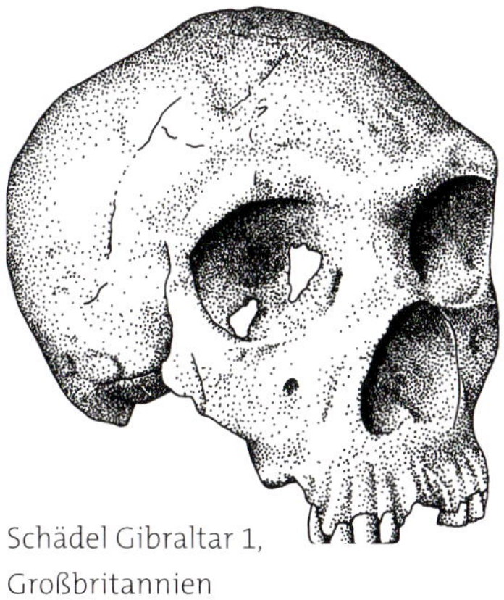

Schädel Gibraltar 1, Großbritannien

Roman M. Wittig

Kulturen von Schimpansen – eine Spurensuche

Die Suche nach der Kultur der Schimpansen beginnt. Wenn wir damit auf www.wikipedia.de anfangen, endet sie bereits mit dem ersten Satz: „Kultur bezeichnet im weitesten Sinne alles, was der Mensch selbstgestaltend hervorbringt – im Unterschied zu der vom ihm nicht geschaffenen und nicht veränderten Natur". Kultur ist, den Autoren des Artikels folgend, ein menschliches Merkmal. Weiter argumentieren die Autoren, dass sich „der Begriff der Kultur auf eine soziale Gruppe beziehen kann [...]. Gemeinsamkeiten einer Menschengruppe oder der gesamten Menschheit dienen der Abgrenzung dieser Gruppe von anderen oder des Menschen von Tieren". Sollten also tierische Kulturen nicht existieren? Können nur Menschen kulturelle Wesen sein?

Im biologischen Sinne sind Menschen auch *nur* Tiere. Sie sind eine Art, die – unbestritten – Fähigkeiten entwickelt hat, die manchmal ihresgleichen sucht. Trotz alledem bleibt sie eine Tierart – *Homo sapiens* –, die erst seit sieben bis acht Millionen Jahren eine eigene Entwicklungslinie durchläuft und mit ihren nächsten noch lebenden Verwandten, den Schimpansen (*Pan troglodytes*) und Bonobos (*Pan paniscus*), ungefähr 99 Prozent des Erbgutes gemein hat. Immerhin sind Schimpansen damit näher mit dem Menschen verwandt als mit dem Gorilla. Ist also eine kulturelle Anpassung an die Umwelt etwas, was sich wirklich erst in den letzten fünf bis sechs Millionen Jahren entwickelt hat, nachdem sich unsere Entwicklungslinie von der der Schimpansen getrennt hatte?

In der Biologie wird von kulturellen Traditionen gesprochen, wenn Verhaltensanpassungen an die Umwelt nicht durch genetische (oder epigenetische) Prozesse gesteuert sind, sondern durch soziales Lernen von einer Generation in die nächste weitergegeben werden. Die Gesamtheit der kulturellen Traditionen wird dann zur Kultur einer Gruppe, die diese von anderen abgrenzt. Ist so etwas denkbar bei einem unserer nächsten Verwandten, dem Schimpansen? Jetzt beginnt unsere Suche im tropischen Afrika.

1 Die Mutter knackt eine Nuss mit einem schweren Steinhammer, während der Nachwuchs gebannt zuschaut.

2 Verteilung der vier Unterarten von Schimpansen (*Pan troglodytes*) in Afrika mit den entsprechenden Forschungsprojekten, die Langzeitforschung an Schimpansen durchführen oder durchgeführt haben.

Ökologie und Werkzeuggebrauch der Schimpansen

Die natürliche Verbreitung der Schimpansen erstreckt sich fast über das gesamte äquatoriale Afrika, von Senegal im Westen bis Tansania im Osten. Vier Unterarten des Schimpansen werden unterschieden: *Pan troglodytes verus, Pan troglodytes ellioti, Pan troglodytes troglodytes und Pan troglodytes schweinfurthii*. Der genutzte Lebensraum reicht von tropischen Regenwäldern bis zu Savannen mit einer riesigen Variation in der Gruppengröße von zehn bis über 150 Mitgliedern. Schimpansen sind sehr territorial und leben in gemischtgeschlechtlichen Sammlungs- und Trennungsgesellschaften. Das heißt, die Individuen einer Gesellschaft sind nicht ständig alle zusammen, sondern bilden wechselnde Untergruppen, sie sich stets neu formieren können – ähnlich wie in menschlichen Gesellschaften. Die Weibchen pflanzen sich im Schnitt alle fünf Jahre fort. Die Kinder bleiben normalerweise bis zu Beginn der Pubertät mit zehn bis zwölf Jahren bei der Mutter und zeigen somit eine ähnlich langsame Entwicklung wie wir Menschen. Mit dem Erreichen der Geschlechtsreife (ab circa zwölf Jahren) wechseln die Weibchen in eine andere Gesellschaft, während die Männchen in ihrer Geburtsgesellschaft verbleiben.

Abb. 2

Schimpansen sind omnivor – sogenannte Allesfresser. Auch wenn sie sich hauptsächlich von reifen Früchten ernähren, so konsumieren sie ebenfalls Fleisch, Insekten, Nüsse, Pilze, Blätter, Honig, verrottendes Holz und vieles mehr.

Vor allem aber sind Schimpansen extrem einfallsreich, wenn es darum geht, die Ressourcen auszubeuten. Dazu verwenden sie eine Vielzahl von Werkzeugen, wobei die meisten davon von den Schimpansen an die Aufgabe angepasst werden:

Abb. 3a–d

(*a*) Sie verwenden Stöcke, die sie vorher anspitzen, um nachtaktive Galagos wie mit einem Speer in ihren Baumhöhlen zu töten und zu essen.

(*b*) Sie verwenden Schwämme, angefertigt aus von ihnen zerkauten Blättern, um Honig aus einem Loch in einem Baumstamm zu saugen.

(*c*) Sie nutzen Steine oder Holzknüppel als Hämmer, um hartschalige Nüsse nach dem Hammer-Amboss-Prinzip zu öffnen, um an das Innere der Nuss zu kommen (*siehe Infobox Nussknacken).* Wenn ein Teil der Nuss in der Schale stecken bleibt, brechen sie sich ein Stöckchen in die richtige Länge und stochern den verbliebenen Teil der Nuss aus der Schale.

(*d*) Wenn sie nach Termiten angeln, verwenden manche Schimpansen zwei unterschiedliche Werkzeuge: ein robustes, um ein Loch in den Termitenhügel zu machen, und ein flexibles, um danach durch das Loch nach Termiten zu angeln.

Schimpansen verwenden also Werkzeuge, um gewisse Ressourcen auszubeuten, an die sie sonst nicht oder nur schwer herankämen. Diese Werkzeuge müssen gewisse Eigenschaften haben und werden teilweise hergestellt und modifiziert. Das ist clever, aber kann man hier von Kultur sprechen? Dafür sollten wir zuerst betrachten, ob es Unterschiede zwischen Schimpansenpopulationen gibt, die keinen genetischen oder ökologischen Ursprung haben.

Unterschiede zwischen Populationen

Die Variation von Verhaltensweisen war der erste Ansatz, sich der Frage von Kultur bei Schimpansen zu nähern. Diese Idee von Christophe Boesch und Andrew Whiten war genauso einfach wie genial: man bringt Forschende zusammen, die seit vielen Jahren eine Schimpansengesellschaft in freier Wildbahn beobachtet haben und trägt die beobachteten Verhaltensweisen mit genauer Beschreibung zusammen. Dann werden die Verhaltensweisen in eine von drei Kategorien eingeteilt:

(I) Die erste Kategorie beinhaltet universelles Verhalten, das alle Schimpansen zeigen.

(II) Die zweite Kategorie beinhaltet Verhalten, das nicht alle Schimpansengesellschaften zeigen, dessen Fehlen allerdings durch ökologische Gründe erklärbar ist. So können Schimpansen keine Nüsse knacken, wenn es in ihrem Lebensraum keine Nüsse gibt.

(a) Schwamm aus Blättern, mit dem Wasser aus einer Baumhöhle extrahiert wird.

(b) Hammer aus Holz, mit dem Coula-Nüsse nach dem Hammer-Amboss-Prinzip geöffnet werden.

3 Vier verschiedene Werkzeuge in Gebrauch

(III) Die dritte Kategorie beinhaltet Verhalten, dessen Fehlen in manchen Schimpansengesellschaften nicht auf ökologischen Gründen beruht, zum Beispiel wenn keine Nüsse geknackt werden, obwohl Nüsse und potenzielle Hämmer und Ambosse vorhanden sind.

Nur Verhaltensweisen der Kategorie III sind ernsthafte Kandidaten für kulturelle Traditionen, während bei Verhaltensweisen der Kategorien I und II genetische und ökologische Anpassungen wahrscheinlich sind. In der ersten Studie, die solch einen Ansatz bei Schimpansen verwendete, identifizierten die Forschenden 38 Verhaltensweisen, die durch den Vergleich von sechs Langzeit-Feldstudien der Kategorie III zugeordnet werden konnten. Darunter waren Verhaltensweisen wie das Knacken von Nüssen, das Fischen von Termiten oder der Regentanz. Auf der einen Seite erlaubte diese Studie die Untersuchung von Kulturen bei weiteren Menschenaffen, auf der anderen Seite entbrannte ein Streit darüber, ob es nicht doch eher ökologische oder genetische Gründe für die Verhaltensvariationen zwischen den Schimpansenpopulationen gibt. Existieren also doch keine Verhaltensunterschiede, die auf kulturellen Traditionen beruhen?

Abb. 4

(c) Hammer aus Stein, mit dem die hartschaligen Panda-Nüsse geknackt werden.

(d) Werkzeugset aus einem stabilen Stock, um den Termitenhügel zu öffnen (rechte Hand), und einem flexiblen Zweig, mit dem die Termiten geangelt werden (im Mund).

Experimenteller Ansatz

Wenn man mit Beobachtungen nicht weiterkommt, kann ein Experiment helfen. Aber wie fängt man so etwas an? Ein eleganter Ansatz kommt von Thibaud Gruber aus der Arbeitsgruppe um Klaus Zuberbühler. Wenn Verhaltensunterschiede nicht auf kulturellen Traditionen beruhen, dann sollte ein neues Problem, das identisch in zwei unterschiedlichen Schimpansengesellschaften zur Lösung gestellt wird, ähnliche Lösungsmuster provozieren. Hier setzte das Verhaltensexperiment an.

Die Forschenden arbeiteten mit zwei Schimpansengesellschaften in Uganda. Die Sonso-Gruppe im Wald von Budongo verwendet nur Blätter, aber keine Stöckchen als Werkzeuge. Man könnte sagen, die Sonso-Schimpansen leben in einer Blatt-Kultur. Die Kanyawara-Gruppe im Kibale Nationalpark rund 200 km weiter südlich verwendet sowohl Blätter als auch Stöckchen als Werkzeuge. In beiden Gesellschaften wurden Baumstämme mit 16 cm tiefen Löchern bereitgestellt, die mit Honig gefüllt waren. Um den Honig optimal auszubeuten, sollte mit einem ausreichend langem Stöckchen der Honig aus dem Loch gelöffelt werden. Das ist auch genau, was die Kanyawara-Schimpansen taten. Die Sonso-Schimpansen hingegen, die noch nie Stöckchen verwendet hatten, um Nahrung

Abb. 5a

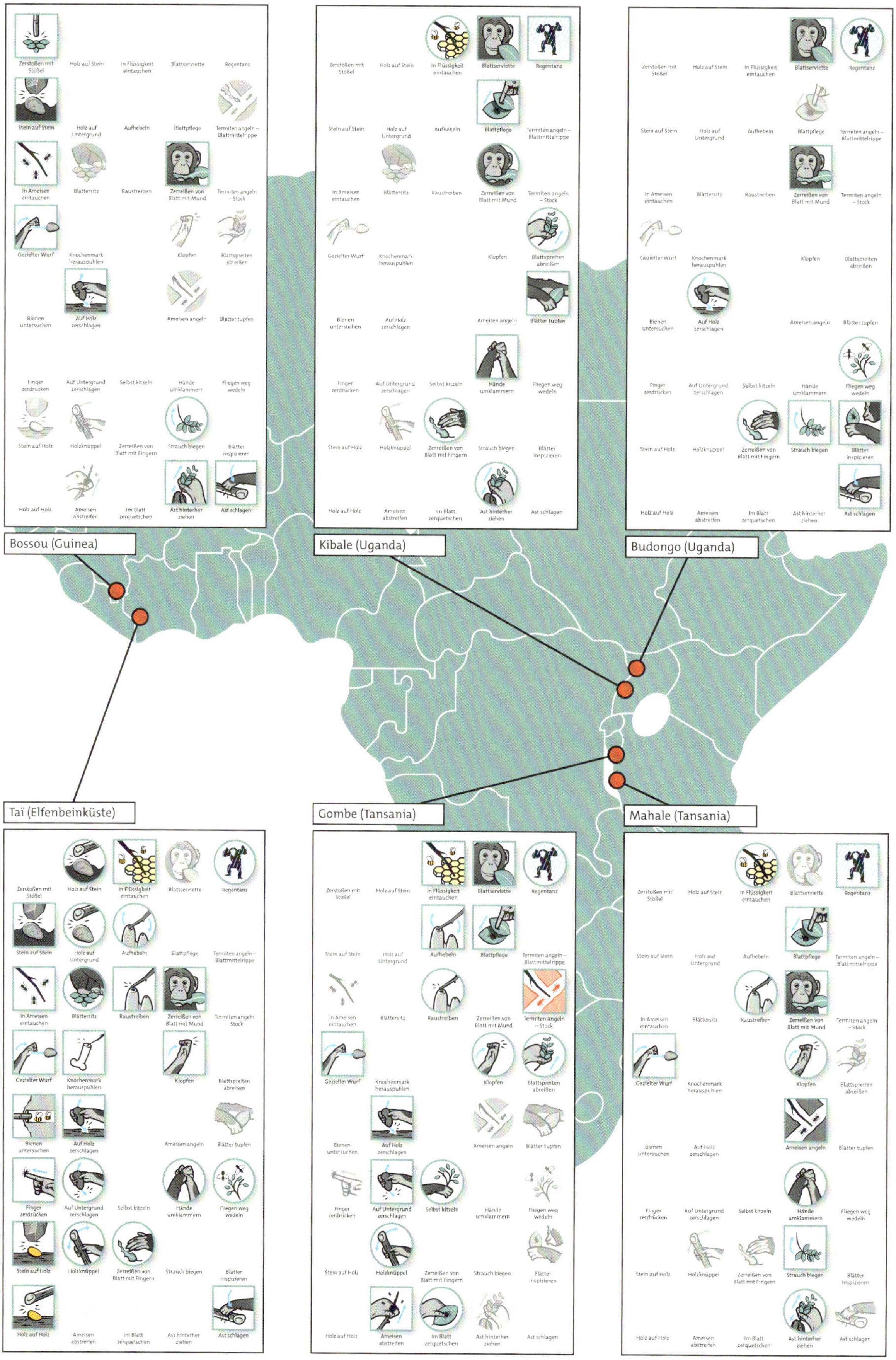
Bossou (Guinea)
Zerstoßen mit Stößel
Holz auf Stein
In Flüssigkeit eintauchen
Blattserviette
Regentanz
Stein auf Stein
Holz auf Untergrund
Aufhebeln
Blattpflege
Termiten angeln – Blattmittelrippe
In Ameisen eintauchen
Blättersitz
Raustreiben
Zerreißen von Blatt mit Mund
Termiten angeln – Stock
Gezielter Wurf
Knochenmark herauspuhlen
Klopfen
Blattspreiten abreißen
Bienen untersuchen
Auf Holz zerschlagen
Ameisen angeln
Blätter tupfen
Finger zerdrücken
Auf Untergrund zerschlagen
Selbst kitzeln
Hände umklammern
Fliegen weg wedeln
Stein auf Holz
Holzknüppel
Zerreißen von Blatt mit Fingern
Strauch biegen
Blätter inspizieren
Holz auf Holz
Ameisen abstreifen
Im Blatt zerquetschen
Ast hinterher ziehen
Ast schlagen
Kibale (Uganda)
Zerstoßen mit Stößel
Holz auf Stein
In Flüssigkeit eintauchen
Blattserviette
Regentanz
Stein auf Stein
Holz auf Untergrund
Aufhebeln
Blattpflege
Termiten angeln – Blattmittelrippe
In Ameisen eintauchen
Blättersitz
Raustreiben
Zerreißen von Blatt mit Mund
Termiten angeln – Stock
Gezielter Wurf
Knochenmark herauspuhlen
Klopfen
Blattspreiten abreißen
Bienen untersuchen
Auf Holz zerschlagen
Ameisen angeln
Blätter tupfen
Finger zerdrücken
Auf Untergrund zerschlagen
Selbst kitzeln
Hände umklammern
Fliegen weg wedeln
Stein auf Holz
Holzknüppel
Zerreißen von Blatt mit Fingern
Strauch biegen
Blätter inspizieren
Holz auf Holz
Ameisen abstreifen
Im Blatt zerquetschen
Ast hinterher ziehen
Ast schlagen
Budongo (Uganda)
Zerstoßen mit Stößel
Holz auf Stein
In Flüssigkeit eintauchen
Blattserviette
Regentanz
Stein auf Stein
Holz auf Untergrund
Aufhebeln
Blattpflege
Termiten angeln – Blattmittelrippe
In Ameisen eintauchen
Blättersitz
Raustreiben
Zerreißen von Blatt mit Mund
Termiten angeln – Stock
Gezielter Wurf
Knochenmark herauspuhlen
Klopfen
Blattspreiten abreißen
Bienen untersuchen
Auf Holz zerschlagen
Ameisen angeln
Blätter tupfen
Finger zerdrücken
Auf Untergrund zerschlagen
Selbst kitzeln
Hände umklammern
Fliegen weg wedeln
Stein auf Holz
Holzknüppel
Zerreißen von Blatt mit Fingern
Strauch biegen
Blätter inspizieren
Holz auf Holz
Ameisen abstreifen
Im Blatt zerquetschen
Ast hinterher ziehen
Ast schlagen
Taï (Elfenbeinküste)
Zerstoßen mit Stößel
Holz auf Stein
In Flüssigkeit eintauchen
Blattserviette
Regentanz
Stein auf Stein
Holz auf Untergrund
Aufhebeln
Blattpflege
Termiten angeln – Blattmittelrippe
In Ameisen eintauchen
Blättersitz
Raustreiben
Zerreißen von Blatt mit Mund
Termiten angeln – Stock
Gezielter Wurf
Knochenmark herauspuhlen
Klopfen
Blattspreiten abreißen
Bienen untersuchen
Auf Holz zerschlagen
Ameisen angeln
Blätter tupfen
Finger zerdrücken
Auf Untergrund zerschlagen
Selbst kitzeln
Hände umklammern
Fliegen weg wedeln
Stein auf Holz
Holzknüppel
Zerreißen von Blatt mit Fingern
Strauch biegen
Blätter inspizieren
Holz auf Holz
Ameisen abstreifen
Im Blatt zerquetschen
Ast hinterher ziehen
Ast schlagen
Gombe (Tansania)
Zerstoßen mit Stößel
Holz auf Stein
In Flüssigkeit eintauchen
Blattserviette
Regentanz
Stein auf Stein
Holz auf Untergrund
Aufhebeln
Blattpflege
Termiten angeln – Blattmittelrippe
In Ameisen eintauchen
Blättersitz
Raustreiben
Zerreißen von Blatt mit Mund
Termiten angeln – Stock
Gezielter Wurf
Knochenmark herauspuhlen
Klopfen
Blattspreiten abreißen
Bienen untersuchen
Auf Holz zerschlagen
Ameisen angeln
Blätter tupfen
Finger zerdrücken
Auf Untergrund zerschlagen
Selbst kitzeln
Hände umklammern
Fliegen weg wedeln
Stein auf Holz
Holzknüppel
Zerreißen von Blatt mit Fingern
Strauch biegen
Blätter inspizieren
Holz auf Holz
Ameisen abstreifen
Im Blatt zerquetschen
Ast hinterher ziehen
Ast schlagen
Mahale (Tansania)
Zerstoßen mit Stößel
Holz auf Stein
In Flüssigkeit eintauchen
Blattserviette
Regentanz
Stein auf Stein
Holz auf Untergrund
Aufhebeln
Blattpflege
Termiten angeln – Blattmittelrippe
In Ameisen eintauchen
Blättersitz
Raustreiben
Zerreißen von Blatt mit Mund
Termiten angeln – Stock
Gezielter Wurf
Knochenmark herauspuhlen
Klopfen
Blattspreiten abreißen
Bienen untersuchen
Auf Holz zerschlagen
Ameisen angeln
Blätter tupfen
Finger zerdrücken
Auf Untergrund zerschlagen
Selbst kitzeln
Hände umklammern
Fliegen weg wedeln
Stein auf Holz
Holzknüppel
Zerreißen von Blatt mit Fingern
Strauch biegen
Blätter inspizieren
Holz auf Holz
Ameisen abstreifen
Im Blatt zerquetschen
Ast hinterher ziehen
Ast schlagen

zu extrahieren, machten einen Schwamm aus Blättern, den sie in das Loch steckten und dann wieder herauszogen. Jede Gruppe reagierte auf das Problem mit den traditionellen Techniken. Selbst als den Sonso-Schimpansen eine optimale Lösung gezeigt wurde, indem ein Stöckchen im Honigloch steckte, wurde das Stöckchen herausgezogen und Blätter für die Extrahierung verwendet. *Abb. 5b*

Eine mögliche Erklärung ist, dass beide Techniken gleich gut geeignet sind, um an den Honig zu kommen, und dass es somit keinen Vorteil der einen gegenüber der anderen Technik gibt. Auch wenn dies unwahrscheinlich ist, und in Abhängigkeit zur Technik tatsächlich klare Unterschiede darin bestehen, wie lange sich die Schimpansen um die Ausbeutung des Honigs bemühen, bleiben doch Zweifel. Verwenden also Schimpansen bei gleicher Effektivität einfach die Verhaltensvariation, die ihnen bereits bekannt ist?

Anpassung an die kulturelle Tradition einer neuen Gesellschaft

Hier helfen uns wieder Beobachtungen. Die Schimpansen des Taï-Nationalparks in der Republik Côte d'Ivoire knacken von Dezember bis März Coula-Nüsse (*Coula edulis*). Im Dezember, wenn die Früchte noch frisch sind und an den Bäumen hängen, verwenden die Schimpansen Steinhämmer um die harten Nussschalen zu öffnen. Je länger die Früchte aber abgefallen sind und austrocknen, desto leichter können die Nussschalen geöffnet werden, sodass nun auch weniger harte Hämmer aus Holz zum Einsatz kommen. Das macht Sinn, da die Steinhämmer in ihrer Anzahl begrenzt sind, während die Holzhämmer viel häufiger im Wald vorkommen. In einer typischen Schimpansengesellschaft in Taï ändert sich also im Laufe der Nussknacksaison die Wahrscheinlichkeit, Steinhämmer zu verwenden von 60 bis 70 Prozent in den Anfangswochen auf 10 bis 20 Prozent am Ende der Nussknacksaison, das heißt nach circa 20 Wochen.

Daneben gibt es aber auch Taï-Schimpansen, die bei ihrer Vorliebe für Steinhämmer bleiben. Lydia Luncz aus der Arbeitsgruppe um Christophe Boesch beobachtete drei benachbarte Gesellschaften, von denen zwei dem ökologisch vorgegebenen Wechsel von Stein- auf Holzhämmer folgen, während die Südgruppe auch in der zwanzigsten Woche immer noch hauptsächlich Steinhämmer verwendet. Sie tut dies, obwohl es auch im Süden nicht mehr Steine gibt *Abb. 6*

4 Verteilung der 38 Verhaltensweisen über die sechs Langzeitforschungsprojekte, die als mögliche kulturelle Traditionen von den Autoren identifiziert wurden. Rechteckiges Symbol: Verhalten üblich (alle oder die meisten Mitglieder der Gesellschaft zeigen dieses Verhalten); Rundes Symbol: Verhalten häufig (wird von mehreren Mitgliedern der Gesellschaft gezeigt); Blassgraues Symbol: Verhalten vorhanden (wurde gesehen aber nur selten); Symbol ohne Bild: Verhalten nicht vorhanden; Symbol ohne Bild mit Balken: Verhalten nicht vorhanden aus ökologischen Gründen.

als im Territorium der Nord- oder der Ostgruppe. Es scheint also, dass es eine Hammerwechselkultur gibt, je nachdem wie einfach die Nüsse zu knacken sind, und eine Steinhammerkultur, die unabhängig vom Härtegrad der Nüsse immer Steine verwendet.

Was passiert nun aber, wenn ein Weibchen aus einer Hammerwechselkultur in die Südgruppe mit der Steinhammerkultur einwandert? Solch eine Einwanderung konnte vor ein paar Jahren von unserem Team im Taï-Nationalpark beobachtet werden. Innerhalb weniger Nussknacksaisonen hatten sich die immigrierten Weibchen an die neue Kultur angepasst und knackten die Nüsse nach der Steinhammerkultur der Südgruppe. Dieser kulturelle Konformismus bei wilden Schimpansen, der in Verhaltensexperimenten mit Zoo-Schimpansen bereits gezeigt wurde, belegt klar, dass sich Schimpansinnen an ihre neue Kultur anpassen.

Schlussfolgerung

Unsere Suche nach der Kultur der Schimpansen hat ergeben, dass die Grundlagen menschlicher Kultur bei ihnen bereits vorhanden zu sein scheinen, auch wenn sie keine Städte bauen, Opern singen oder zum Mond fliegen. Schimpansen gestalten Stöcke und Blätter zu einem funktionellen Werkzeug und verwenden Steine mit Bedacht als Hämmer. Der Werkzeuggebrauch ist erlernt und braucht manchmal viele Jahre zur Perfektionierung. Manche dieser Verhaltensweisen kommen in der einen Gesellschaft vor, nicht aber in einer anderen, ohne dass es genetische oder ökologische Gründe dafür gibt. Letztendlich passen sich die Schimpans/-innen an die neue Kultur an, auch wenn es effektiver wäre, in ihrer alten Kultur zu verharren.

Vielleicht zeigt das Ergebnis unserer Suche, dass wir den Schimpansen doch ihre eigene Kultur zugestehen müssen. Dies scheint nur logisch, wenn wir sehen, wie lange Schimpansenkinder brauchen, um gewisse Entwicklungsstadien zu erreichen, und dass der Gebrauch einiger Werkzeuge vermutlich nicht einfach individuell erlernt werden kann. Für manche Leistungen brauchen Schimpansen ein Vorbild, von dem sie lernen können – wie zum Beispiel die Mutter, mit der die Kinder über Jahre hinweg zusammen durch den Urwald streifen.

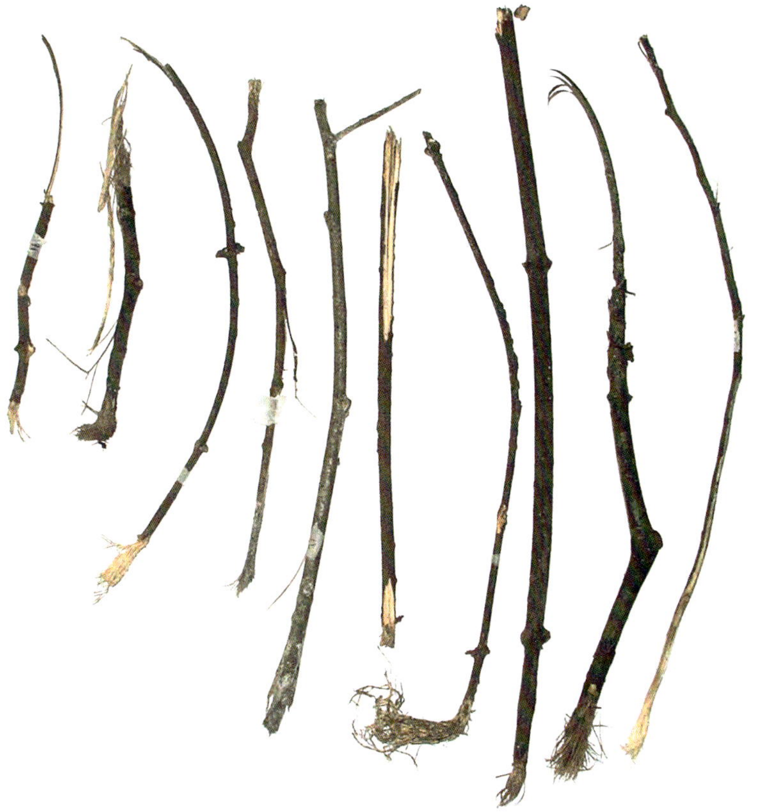

5 (a) Stöcke, die von den Kanyawara Schimpansen verwendet wurden, um Honig aus einem Baumloch zu extrahieren.

(b) Blattschwämme, die von den Sonso Schimpansen verwendet wurden, um das gleiche Problem zu lösen: Honig aus einem Baumloch zu extrahieren.

Danksagung

Mein Dank gilt dem Ministère de l'Enseignement Supérieur et de la Recherche Scientifique, dem Ministère des Eaux et Forêts in Côte d'Ivoire, und dem Office Ivoirien des Parcs et Réserves, dass wir seit 40 Jahren im Taï Nationalpark das Verhalten der Schimpansen erforschen dürfen. Ein weiterer Dank geht an das Centre Suisse de Recherches Scientifiques en Côte d'Ivoire und an die Mitarbeiter des Taï Chimpanzee Project für ihre fortwährende Zusammenarbeit. Mein besonderer Dank geht an Christophe Boesch, Cedric Girard-Buttoz, Thibaud Gruber, Lydia Luncz, Dave Morgan, Crickette Sanz und Liran Samuni für Diskussionen zum Werkzeuggebrauch und der Bereitstellung von Abbildungen.

Weiterführende Literatur

Boesch, C. 2012 Wild cultures – a comparison between chimpanzee and human cultures (Cambridge 2012).

Boesch, C./Wittig, R.M. (Hg.) 2019 The chimpanzees of the Taï forest: 40 years of research (Cambridge 2019).

Estienne, V./Cohen, H./Wittig, R.M./Boesch, C. 2019 Maternal influence on the development of nut-cracking skills in the chimpanzees of the Taï forest, Côte

Estienne, V./Stephens, C./Boesch, C. 2017 Extraction of honey from underground bee nests by central African chimpanzees (*Pan troglodytes troglodytes*) in Loango National Park, Gabon: Techniques and individual differences. American Journal of Primatology 79(8), 2017, e22672. https://doi.org/10.1002/ajp.22672

Gruber, T./Muller, M.N./Strimling, P./Wrangham, R./Zuberbühler, K. 2009 Wild chimpanzees rely on cultural knowledge to solve an experimental honey acquisition task. Current Biology 19 (21), 1806–1810. https://doi.org/10.1016/j.cub.2009.08.060

Humle, T./Matsuzawa, T. 2002 Ant-dipping among the chimpanzees of Bossou, Guinea, and some comparisons with other sites. American Journal of Primatololgy 58(3), 2002, 133–148. https://doi.org/10.1002/ajp.10055

Luncz, L.V./Mundry, R./Boesch, C. 2012 Evidence for cultural differences between neighboring chimpanzee communities. Current Biology 22(10), 2012, 922–926. https://doi.org/10.1016/j.cub.2012.03.031

Luncz, L.V./Wittig, R.M./Boesch, C. 2015 Primate archaeology reveals cultural transmission in wild chimpanzees (*Pan troglodytes verus*). Philosophical Transactions of the Royal Society B: Biological Sciences 370, 2015, 20140348. https://doi.org/10.1098/rstb.2014.0348

Pruetz, J.D./Bertolani, P. 2007 Savanna Chimpanzees, *Pan troglodytes verus*, hunt with tools. Current Biology 17(5), 2007, 412–417. https://doi.org/10.1016/j.cub.2006.12.042

„Bum, bum – krack“ hallt es durch den Taï-Nationalpark in Elfenbeinküste an der Grenze zu Liberia. Zwei dumpfe Schläge und dann ein lautes Knacken. Eine Gruppe von Schimpansen sitzt unter einem *Panda oleosa*-Baum und öffnet die hartschaligen Samen der Panda-Nüsse um an den weichen Kern zu kommen. „Bum, bum – krack“ macht es wieder. Diesmal hat eine erwachsene Schimpansin eine der harten Nüsse geöffnet. Die Schimpansin verwendet einen großen Stein von circa 7 bis 8 kg Gewicht als Hammer, den sie mit zwei Händen und einem Fuß gezielt circa 30 bis 40 cm anhebt und der Nuss mit Kraft einen Schlag versetzt (vgl. *Abb. 3c*). Ein dumpfes „Bum“ ist zu hören. Doch noch ist die Nuss nicht geöffnet; es braucht nicht nur einen harten und schweren Hammer, sondern auch einen entsprechenden Amboss. Nur wenn das Zusammenspiel von der Wucht des Schlages mit der Festigkeit des Ambosses übereinstimmt, kann die Nuss geöffnet werden. Sie nimmt die Nuss vom Amboss und schiebt mit der Rückseite der Hand die zahlreichen Überbleibsel des weichen orangenen Fruchtfleisches der Panda-Frucht beiseite und legt die Nuss wieder in die kleine Aushöhlung, die die harten Schalen der Panda-Nüsse in der Wurzel nach dem jahrelangen Gebrauch als Amboss hinterlassen haben. Sie hebt den Stein an und lässt ihn mit Wucht auf die Nuss herunterfahren – „bum“ – und noch einmal – „bum“ – und noch einmal – „krack“! Endlich – die Nussschale ist geborsten. Sie legt den Stein zur Seite und führt einen Teil der aufgeschlagenen Nussschale an den Mund, um das weiche weiße Nussfleisch mit dem Finger und der Zunge aus der Schale zu pulen. Die Tochter ist mit fünf Jahren noch zu jung, um selbst den schweren Hammer zu führen. Vor allem würde es ihr an Präzision und der nötigen Kraft fehlen. Sie sitzt der Mutter gegenüber und beobachtet jede Bewegung mit großem Interesse. Das Knacken von Nüssen ist keine einfache Angelegenheit. Es braucht viele Jahre des Lernens, und manche Schimpansen des Taï-Nationalparks sind erst mit zehn Jahren effiziente Nussknacker. (Aufnahmen finden Sie auf dem Youtube-Kanal des Taï Chimpanzee Project:
https://www.youtube.com/channel/UC1tvBgBAV5Xlmm5Vh5GwUlw/videos. d'Ivoire (*Pan troglodytes verus*). American Journal of Primatology 81(7), 2019, e23022. https://doi.org/10.1002/ajp.23022

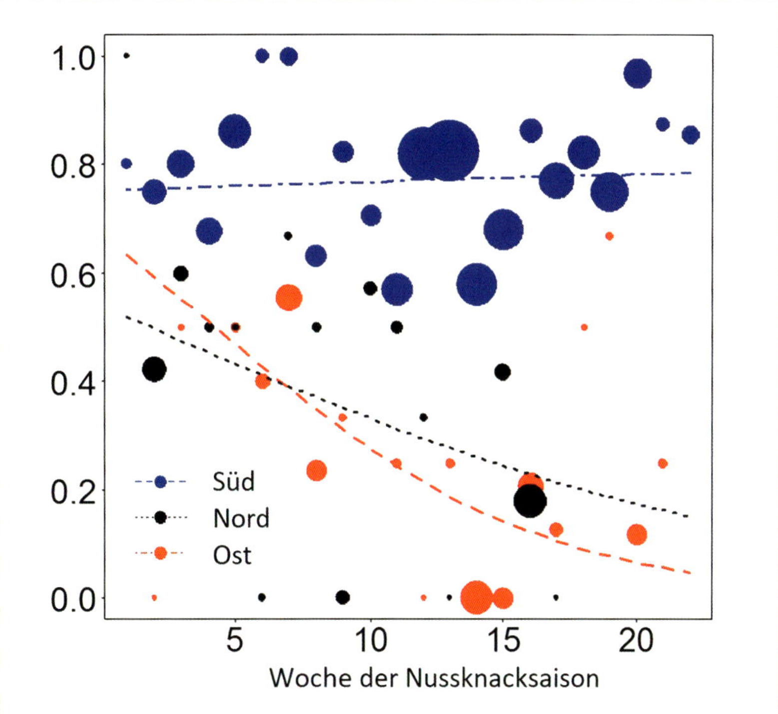

6 Anteil der Steinhämmer (vertikal: Anzahl der Steinhämmer über Anzahl aller Hämmer), die die Taï Schimpansen zur Öffnung von Coula-Nüssen mit fortlaufender Nussknacksaison nutzen. Die Nord- und Ostgruppen verringern den Anteil der genutzten Steinhämmer mit der Zeit, da die Nussschalen immer weicher werden, während die Schimpansen der Südgruppe unverändert bei circa 80 Prozent Steinhämmer bis zum Ende der Saison verbleiben.

Sanz, C.M./Morgan, D.B. 2009 Flexible and persistent tool-using strategies in honey-gathering by wild chimpanzees. International Journal of Primatology 30, 2009, 411–427. https://doi.org/10.1007/s10764-009-9350-5

Whiten, A./Goodall, J./McGrew, W.C./Nishida, T./Reynolds, V./Sugiyama, Y./Tutin, C.E.G./Wrangham, R.W./Boesch, C. 1999 Cultures in chimpanzees. Nature 399, 1999, 682–685. https://doi.org/10.1038/21415

Auf der Suche nach den Anfängen der Kultur am Lake Manyara in Tansania.

Homo sapiens

Steckbrief

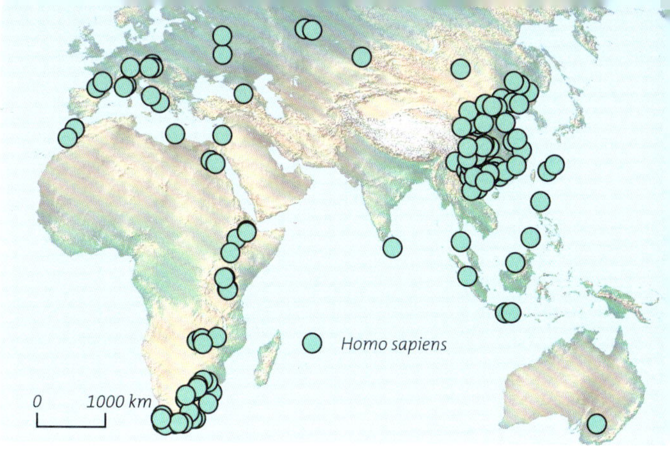

Entdeckung:

In Jebel Irhoud in Marokko wurden 2017 die mit rund 300.000 Jahren bislang ältesten Fossilreste eines anatomisch modernen Menschen entdeckt. Mit einem Alter von 195.000 Jahren waren Skelettfunde aus dem Omo Tal in Äthiopien die bis dahin ältesten Repräsentanten des *Homo sapiens*.

Verbreitung:

weltweit.

Alter:

seit circa 300.000 Jahren.

Gehirnvolumen:

circa 1.100–1.900 cm^3 (durchschnittlich circa 1.350 cm^3).

Merkmale:

Zwar ist *Homo sapiens* die einzige noch lebende Art aller Homininen, doch genetische Untersuchungen zeigen geringere Anteile von Genen von Neandertalern, Denisova- und anderen altertümlichen Menschen in unserem Erbgut. Unsere Schädel zeichnen sich durch das relativ kleine, senkrecht stehende Gesicht, eine hohe Stirn, ein hervorspringendes Kinn und einen großen Gehirnschädel aus. Das Skelett weist lange Beinknochen, einen gegenüberstellbaren Daumen für feinmotorische Aufgaben sowie einen tonnenförmigen Brustkorb auf. Die S-förmige Wirbelsäule und das leicht gekippte Becken perfektionieren den aufrechten Gang.

Anatomisch moderne Menschen besiedelten erstmals die ganze Welt, inklusive Australiens, der Arktis, Nord- und Südamerikas sowie Ozeaniens. Der extrem variable Werkzeuggebrauch erlaubt uns heute ganz unterschiedliche Formen von Lebensweisen, Ernährung und Ressourcennutzung.

Wir sind als Art zu ungekannten Umweltveränderungen fähig, aber auch zu überregionaler bis weltweiter Kooperation.

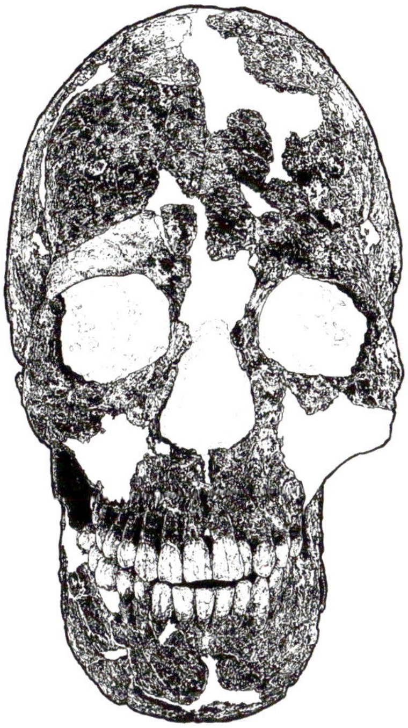

Qafzeh IX, Schädel, Israel

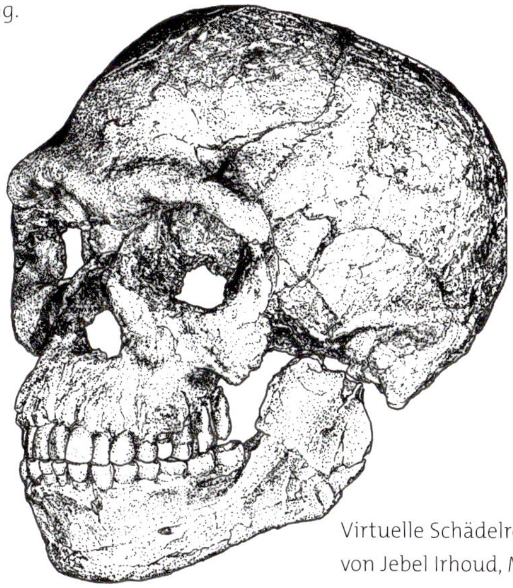

Virtuelle Schädelrekonstruktion von Jebel Irhoud, Marokko

Madelaine Böhme

Der Menschwerdung auf der Spur: Forschung und wissenschaftliche Methoden

Der Vorgang der Menschwerdung nach der Abtrennung der menschlichen Evolutionslinie von jener der Schimpansen reicht viele Millionen Jahre zurück. Er beginnt zeitlich weit vor den ersten überlieferten Kulturerzeugnissen wie zum Beispiel Werkzeugen. Im Laufe der zurückliegenden Jahrzehnte wurde eine Vielzahl von Methoden angewandt oder eigens entwickelt, um diesen Prozess zu entschlüsseln. Es ist ein verzweigtes System von Analysemöglichkeiten entstanden mit einer breiten Beteiligung von naturwissenschaftlichen Disziplinen, darunter der Geologie, Biologie, Chemie, Physik und Ingenieurswissenschaften. Einige dieser faszinierenden Möglichkeiten, Einblicke in unsere Vergangenheit zu gewinnen, sollen im Folgenden vorgestellt werden.

Die Dimension Zeit ist der wichtigste Zusammenhang in der historischen Forschung. Die Interpretation von Daten und Beobachtungen ist ohne zeitliche Einordnung unmöglich, da sich nur so Abfolgen erschließen lassen und Ursachen von Wirkungen getrennt werden können. Zu unterscheiden sind hierbei Methoden der relativen und absoluten Zeitbestimmung mithilfe der Stratigraphie (geologische Methoden, die die Schichtenfolge beschreiben) beziehungsweise der Geochronologie (physikalische Methoden). Die relative Datierung bestimmt die Abfolge von zwei Ereignissen (oder der Entstehungszeit zweier Objekte) und die relative Zeitspanne dazwischen. Eine absolute Datierung gibt ein Datum an für ein Objekt. In den hier interessierenden Zeittiefen wird solch ein Datum mit verschiedenen Methoden, wie zum Beispiel dem radioaktiven Zerfall bestimmter Inhaltsstoffe, ermittelt und mit gewissen Spannbreiten angegeben. Es kann manchmal wichtiger sein zu wissen, ob eine Feuersbrunst direkt vor dem Bau einer neuen Siedlung stattfand, als zu erfahren, dass sich beide Ereignisse vor 6.832 +/- 65 Jahren ereigneten, aber unklar ist, in welcher Reihenfolge.

Da die Menschwerdung auch ein biologischer Prozess ist, hat die Wissenschaftsdisziplin der Biologie mit den Fächern Anatomie, Physiologie, Genetik,

1 Beprobung einer Rippe zu Radiokohlenstoff-Datierung und Bestimmung des Kohlenstoff-Stickstoff-Verhältnisses.

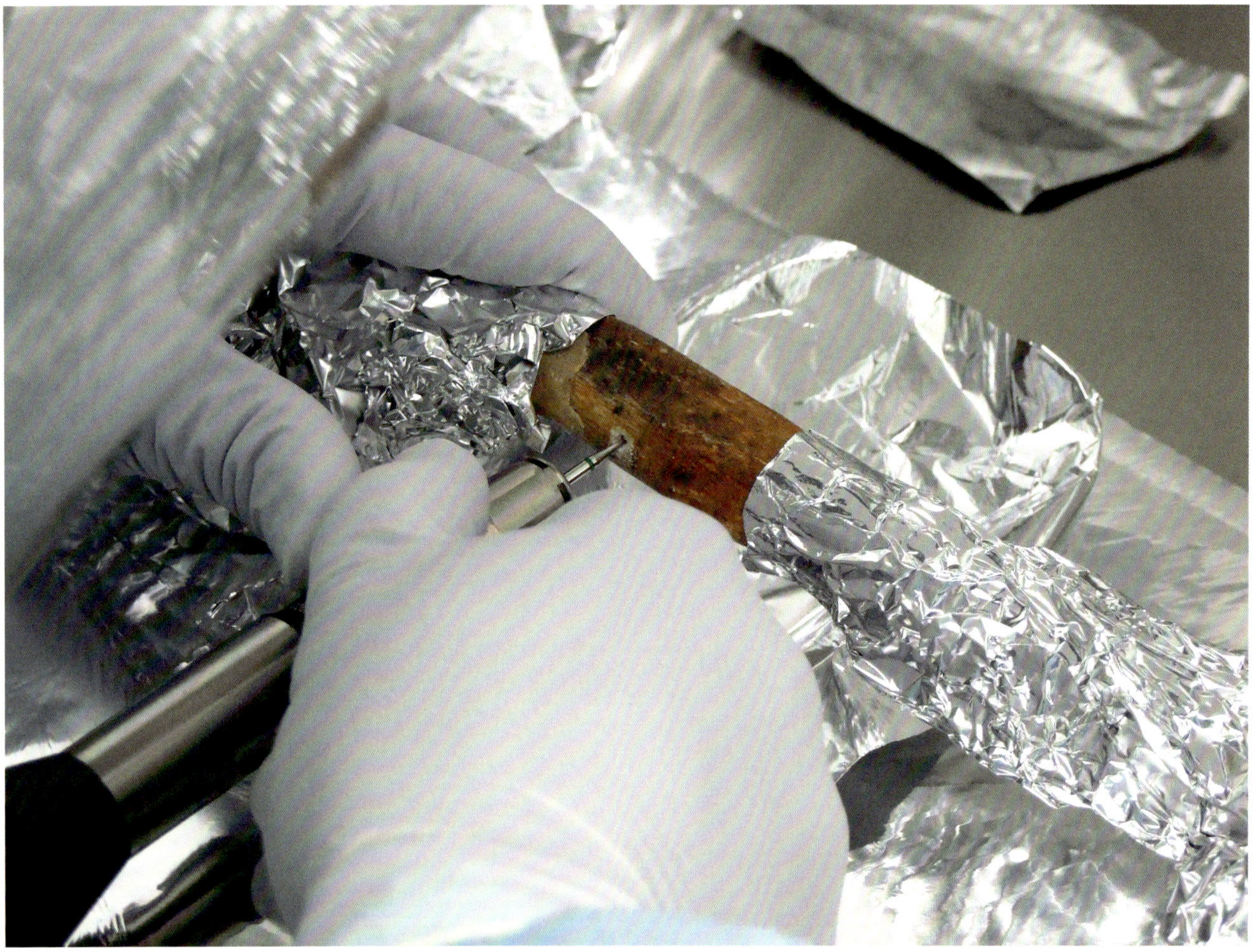

2 Entnahme einer Knochenprobe für genetische Analysen.

Zoologie und Botanik einen großen Anteil an dieser Forschung. Die **entwicklungsgeschichtliche Verwandtschaft** unserer Vorfahren untereinander und in Bezug auf *Homo sapiens* kann durch die vergleichende Morphologie (Lehre von der Form) der überlieferten Knochen und Zähne untersucht werden. So kennzeichnen knöcherne Überaugenwülste die Neandertaler, in etwas anderer Form aber auch andere frühe Menschenarten, wohingegen sie bei uns heutigen Menschen nicht mehr vorkommen. Wenn Knochen und Zähne noch organische Substanzen wie Kollagen enthalten, können Untersuchungen an darin überlieferten genetischen Fragmenten oder Proteinen teilweise sehr detaillierte Aussagen zur entwicklungsgeschichtlichen, aber auch individuellen Verwandtschaft liefern. Anhand genetischer Schnipsel aus einem Knochen der Spitze eines kleinen Fingers wurden die Denisova-Menschen als eigene Art erkannt. Und das überlieferte Genmaterial aus dem Knochenbruchstück eines Mädchens, das vor circa 90.000 Jahren in Sibirien lebte, lieferte die Erkenntnis, dass seine Mutter eine Neandertalerin und sein Vater ein Denisova-Mensch war!

Abb. 2

Auch viele Hinweise zur **Lebensgeschichte** von Individuen und Populationen werden mithilfe der vergleichenden Morphologie gewonnen. Durch die Untersuchung unterschiedlicher Altersstadien einer Menschenform können Aussagen zum Wachstum und zur Dauer der Kindheit ermittelt werden. Wir wissen dadurch heute, dass Neandertaler und alle unsere Vorfahren deutlich früher erwachsen wurden, und können dadurch viel zu ihrer Entwicklungsbiologie und Soziologie ableiten. Durch Abschätzung des Alters zum Zeitpunkt des Todes kann die mittlere Lebenserwartung grob ermittelt werden.

Wichtige Aspekte der **Fortpflanzungsbiologie** können mit der vergleichenden Morphologie untersucht werden. So ist die Anatomie weiblicher Becken bei unseren Vorfahren eine andere als bei uns. Australopithecinen hatten keinen verengten Geburtskanal, sodass sich die Babys darin nicht drehen mussten. Die Kinder kamen deutlich reifer, das heißt weniger hilflos und auf die Mutter angewiesen, auf die Welt, da ihr kleiner Kopf keine frühen Geburten erzwang. Die Stillzeit eines Kindes kann anhand des Verhältnisses der Elemente Kalzium und Strontium aus dem Zahnschmelz ermittelt werden. Während der Bildung des Zahnschmelzes werden diese Elemente je nach Nahrung eingelagert, und die Muttermilch weist ein anderes Verhältnis auf als die spätere Nahrung. So fand man heraus, dass Neandertalerkinder ab einem Alter von 5–6 Monaten Beikost erhielten.

Abb. 3

Auch Hinweise auf die **Sozialstruktur** und das **Sozialverhalten** unserer Vorfahren können in ihren Knochen verschlüsselt sein. Hormonelle Veranlagungen verändern das Knochenwachstum und beeinflussen das soziale Verhalten einer Art. Wenn sich männliche und weibliche Individuen nur gering in ihrer Anatomie und Körpergröße unterscheiden und die Länge der Zeige- und Ringfinger ihrer Hände gleich lang sind, dann deutet dies auf monogame Beziehungen hin. Heutige Gibbons sind hierfür ein Beispiel. Wenn männliche Individuen hingegen hinsichtlich Körpermasse, Eckzähnen und Muskelansätzen deutlich größer und kräftiger als Weibchen sind und bei beiden Geschlechtern die Zeigefinger deutlich kürzer als die Ringfinger sind, so deutet dies auf Polygynie, das heißt Haremsverhalten, wie wir das bei Gorillas und Schimpansen beobachten können. Wir modernen Menschen verhalten uns übrigens intermediär zwischen beiden Extremen, wenngleich auch deutlich näher bei den Gibbons.

Wer kennt den Ausspruch nicht: „Muss ich dir alles vorkauen"! Der Nachweis zahnloser alter Individuen, die ohne fremde Hilfe (zum Beispiel durch Vorkauen) nicht mehr allein ihre Nahrung zerkleinern konnten, liefern wichtige Hinweise auf soziale Bindungen und altruistisches Verhalten. Dieses im Tierreich unbekannte, wahrhaft menschliche Verhalten ist durch *Homo erectus* seit 1,8 Millionen Jahren belegt. Rückschlüsse auf Sozialverhalten lassen ferner geoarchäologische Untersuchungen von Behausungen und sozialen Räumen wie Feuer- und Schlafstätten zu.

Veränderungen an Knochen lassen auf Verletzungen, Krankheiten oder Mangelernährung schließen, welche wiederum viel mit den **Lebensumständen** und **Ernährungsweisen** zu tun haben. Die Ernährung ist dabei ein wichtiger Spiegel unserer Lebensumstände. Untersuchungen zur Zahn- und Kieferanatomie und deren Erkrankungen liefern uns nicht nur Hinweise zum Verhalten (zum Beispiel der Benutzung der Zähne als Werkzeug, zur Nutzung von Zahnstochern, dem Rauchen von Pfeifen), sondern insbesondere zur Art der Nahrung. Ob sie zäh oder fest war wie getrocknetes Fleisch beziehungsweise pflanzliche Wurzeln oder weich wie Brei oder Fastfood, erkennt man an der Art der Abkauung der Zähne, ihrer Stellung und Struktur. Sehr zuckerhaltige Nahrung kann zu Karies führen, und der unterschiedliche Ernährungsanteil von Pflanzen, Fisch und Fleisch verrät sich in unterschiedlichen Isotopenverhältnissen, die in den Knochen gespeichert sind. Hin und wieder sind auch Nahrungsreste selbst überliefert, zum Beispiel in mikroskopischen Spuren an Werkzeugen oder Gefäßen. In solchen Fällen können chemische Analysen helfen, die Nutzung von Blut oder Milch oder sogar die Herstellung von Wein oder Käse zu belegen.

Abb. 1

Damit wären wir bei der **Essenszubereitung**. Die Beherrschung und Nutzung des Feuers und damit die Fähigkeit zum Garen, Kochen oder Grillen ist von entscheidender Bedeutung für die menschliche Evolution. Vielfach können dadurch die Verdauung und Nährstoffaufnahme erst ermöglicht werden, zum Beispiel durch Entgiftung und Veränderung der Konsistenz, oder zumindest entscheidend verbessert werden wie im Falle stärkehaltiger Pflanzen. Durch die thermische Vorbehandlung von Nahrung ist der (kochende) Mensch das einzige Säugetier mit einer teilweise außerhalb des Magens verlagerten (Vor-)Verdauung. Die Nutzung von Feuer kann durch die Analyse von Holzkohle und Feuerstellen nachgewiesen und ebenso an chemischen oder physikalischen Veränderungen erhitzter Steine oder Bodenflächen abgelesen werden.

Die Beschaffung von Nahrung ist mit **Sammeln und Jagen**, später mit der **Landwirtschaft** verbunden. Hinweise zur Nutzung von Fleisch oder Knochenmark bieten Schnitt- und Schlagspuren an Knochen. Die Jagdwerkzeuge selbst sind selten so vollständig erhalten wie die ältesten Waffen der Menschheitsgeschichte, die circa 300.000 Jahre alten Speere und das Wurfholz des *Homo heidelbergensis* aus Schöningen. Pflanzenreste sind leicht vergänglich, weshalb sich weniger über die pflanzliche Ernährung in der Altsteinzeit sagen lässt. Pflanzliche Überreste im Zahnstein von Neandertalern weisen auf ein breites Nahrungsspektrum hin.

Die Entwicklung der Technologie ist ein weiteres, sehr umfangreiches Forschungsfeld der Menschwerdung. Sie beschränkt sich nicht nur auf stoffliche Aspekte organischer Materialien wie Holz und Knochen oder anorganischer Werkstoffe wie Stein und Pigmente, sondern bezieht auch die räumliche Ver-

3 Vergleichende Morphologie hilft die Lebensgeschichte eines Menschen zu rekonstruieren. Dabei kommen moderne Scanverfahren zum Einsatz.

teilung von Objekten und Konstruktionen ein, wie sie bei der Bearbeitung von Materialien oder der Siedlungsorganisation entstehen.

Werkstoffe und Materialien geben uns wiederum Hinweise auf **ökonomisches und rituelles Handeln**. So verrät die Herkunft von organischen und anorganischen Rohstoffen viel über überregionale Beziehungen und Wissenstransfer. Durch die Analyse von Geräten, Kunstobjekten, aber auch Bestattungen erfahren wir etwas über die Werte und den Glauben früherer Gruppen.

Weiterführende Literatur

Böhme, M./Braun, R./Breier, F. 2019 Wie wir Menschen wurden: Eine kriminalistische Spurensuche nach den Ursprüngen der Menschheit (München 2019).

Hauptmann, A./Pingel, V. 2008 Archäometrie (Stuttgart 2008).

Krause, J./Trappe, T. 2019 Die Reise unserer Gene: eine Geschichte über uns und unsere Vorfahren (Berlin 2019).

Meller, H./Alt, K. W. (Hg.) 2010 Anthropologie, Isotopie und DNA – biografische Annäherung an namenlose vorgeschichtliche Skelette? 2. Mitteldeutscher Archäologentag vom 08. bis 10. Oktober 2009 in Halle (Saale). Archäologie Sachsen-Anhalt 3 (Halle/Saale 2010).

Sie wollen mehr über einzelne Fundstellen erfahren?

Die Forschungsstelle ROCEEH (*The Role of Culture in Early Expansions of Humans*) ist ein Projekt der Heidelberger Akademie der Wissenschaften mit dem Ziel, das frühe kulturelle Erbe der Menschheit zu erkunden, in einen Kontext zu stellen und zu bewahren. ROCEEH erforscht die Geschichte der Menschheit und ihrer frühen Ausbreitungen von 3 Millionen bis 20.000 Jahren vor heute. Durch das Zusammenstellen der archäologischen Stätten und der mit ihnen verbundenen Informationen macht ROCEEH das früheste kulturelle Erbe zugänglich.

Systematisch gesammelte Daten von Fundplätzen in Afrika und Eurasien werden in der ROCEEH *Out of Africa Database* (ROAD) archiviert. Diese enthält eine Vielzahl archäologischer, paläoanthropologischer, paläobiologischer, geografischer und bibliografischer Informationen. Mit Stand Anfang 2021 enthält ROAD Daten von circa 2.000 Fundstellen und 12.000 Inventaren. Informationen zu jedem dieser Fundplätze können als *ROAD Summary Data Sheets* in Form eines PDF ohne Registrierung unter folgender Adresse abgerufen werden: https://www.roceeh.uni-tuebingen.de/roadweb/ [1.2.2021]. Wer mehr über die ROCEEH-Forschungsstelle und weitere Analysemöglichkeiten mit der ROAD-Datenbank erfahren möchte, besuche bitte die Homepage des Projekts: www.roceeh.net [1.2.2021].

THE ROLE
OF CULTURE
IN EARLY
EXPANSIONS
OF HUMANS

Autorenadressen

Prof. Dr. Madelaine Böhme
Eberhard Karls Universität Tübingen
Senckenberg Center for Human Evolution
and Palaeoenvironment (HEP Tuebingen)
Sigwartstr. 10
72076 Tübingen
m.boehme@ifg.uni-tuebingen.de

apl. Prof. Dr. Michael Bolus
Forschungsstelle 'The Role of Culture in
Early Expansions of Humans' (ROCEEH)
an der Universität Tübingen
Hölderlinstraße 12
72074 Tübingen
michael.bolus@uni-tuebingen.de

PD Dr. Angela A. Bruch
Forschungsstelle 'The Role of Culture in
Early Expansions of Humans' (ROCEEH)
am Senckenberg Forschungsinstitut und
Naturmuseum
Senckenberganlage 25
60325 Frankfurt am Main
angela.bruch@senckenberg.de

Dr. Liane Giemsch
Archäologisches Museum Frankfurt
Karmelitergasse 1
60311 Frankfurt am Main
liane.giemsch@stadt-frankfurt.de

Dr. Karen Hahn
Institut für Ökologie, Evolution und Diversität
Goethe Universität Frankfurt
Abt. Paläobiologie und Umwelt
Max-von-Laue-Str. 13
60438 Frankfurt am Main
karen.hahn@bio.uni-frankfurt.de

PD Dr. Miriam Noël Haidle
Forschungsstelle 'The Role of Culture in
Early Expansions of Humans' (ROCEEH)
am Senckenberg Forschungsinstitut und
Naturmuseum
Senckenberganlage 25
60325 Frankfurt am Main
miriam.haidle@senckenberg.de

Prof. Dr. Thomas Junker
Skylineblick 14
60438 Frankfurt am Main
mail@tjunker.de

Dr. Christine Michel
Erziehungswissenschaftliche Fakultät
Universität Leipzig
Frühkindliche Entwicklung und Kultur
Jahnallee 59
04109 Leipzig
christine.michel@uni-leipzig.de

PD Dr. Oliver Schlaudt
Philosophisches Seminar der Universität Heidelberg
Schulgasse 6
69117 Heidelberg
oliver.schlaudt@urz.uni-heidelberg.de

Prof. Dr. Friedemann Schrenk
Institut für Ökologie, Evolution und Diversität
Goethe Universität Frankfurt & ROCEEH, Senckenberg
Forschungsinstitut und Naturmuseum
Senckenberganlage 25
60325 Frankfurt am Main
schrenk@senckenberg.de

Dr. Roman M. Wittig
Taï Chimpanzee Project
Max Planck Institut für Evolutionäre Anthropologie
Deutscher Platz 6
04103 Leipzig
wittig@eva.mpg.de

Bildnachweis

AMF = Archäologisches Museum Frankfurt

Cover: Gestaltung: E. Quednau/AMF; Illustrationen: B. Groscurth, AMF

Umschlaginnenseite vorne: L. Giemsch

hinten: Gestaltung: B. Groscurth/AMF, Büsten: Atelier Wildlife Art for Hessisches Landesmuseum Darmstadt, Fotos: W. Fuhrmannek, HLMD, Zeichnungen: *Ar. Ramidus, P. aethiopicus, H. floresiensis, H. antecessor, H. heidelbergensis, H. sapiens:* A. Marie Rahn; ER 3733: Christine Hemm

Anfangsicons bei Beiträgen. B. Groscurth/AMF

Liane Giemsch, Miriam Noël Haidle

Auf der Suche nach den Anfängen unserer Kultur

1 Atelier Wildlife Art for Hessisches Landesmuseum Darmstadt, Fotos: W. Fuhrmannek, HLMD.

2 B. Groscurth/AMF

Thomas Junker

Zwischen Natur und Kultur: Der doppelte Ursprung des Menschen

1 Tyson, E. 1699 Orang-Outang, sive Homo Sylvestris: or, the Anatomy of a Pygmie compared with that of a Monkey, an Ape, and a Man (London 1699), Abb. 1.

2 Belon, P. 1555 L'histoire de la nature des oyseaux (Paris 1555), 40–41.

3 Junker, T. 2018 Die Evolution des Menschen. 3. Aufl. (München 2018), 22.

4 Haeckel, E. 1911 Natürliche Schöpfungsgeschichte. 11. Aufl. (Berlin 1911), Tafel 29.

5 Bonner, J. T. 1980 The evolution of culture in animals (Princeton 1980) 1980, 167.

Friedemann Schrenk

Biokulturelle Evolution früher Menschen

1 Friedemann Schrenk

2 A. M. Rahn, Ch. Hemm

3 Ch. Hemm

4 A. M. Rahn; American Museum of Natural History

5 Black skull: A. M. Rahn

KNM-ER 1470: Ch. Hemm

6 Zeichnungen: A. M. Rahn; Virtuelle Schädelrekonstruktion *Homo sapiens*, Max Planck Institute für Evolutionäre Anthropologie, Leipzig; Zhkoudian: Schädel-Rekonstruktion, American Museum of Natural History

7 Homininen-Rekonstruktionen: WildLifeArt N. Kieser & W. Schnaubelt, Foto: F. Schrenk

Michael Bolus

Die früheste Stufe menschlicher Steintechnologie: Das Oldowan

1 Didier Descouens. Wiedergabe unter der Creative-Commons-Lizenz "Attribution-ShareAlike 4.0 International (CC BY-SA 4.0)" (https://commons.wikimedia.org/wiki/File:Pierre_taill%C3%A9e_Melka_Kunture_%C3%89thiopie_fond.jpg#/media/File:Pierre_taill%C3%A9e_Melka_Kunture_%C3%89thiopie.jpg). Zugriff 14.09.2020.

2 B. Groscurth/AMF.

3 Übernommen aus Haidle 2012 (dort zusammengestellt aus Leakey 1971).

4 Daten: ROAD und Michael Bolus (ROCEEH), Hintergrundkarte: T. Patterson, verwendet unter der Lizensierung ‚public domain', Kartographie: Christian Sommer (ROCEEH).

5 Nach Harmand 2007 (siehe auch Delagnes/Roche 2005).

6 Daten: ROAD (ROCEEH), Hintergrundkarte: T. Patterson, verwendet unter der Lizensierung ‚public domain', Kartographie: Christian Sommer (ROCEEH).

7 J.-M. Benito. Wiedergabe unter der Lizensierung ‚public domain' (Autor: Locutus Borg). Zugriff 14.09.2020.

8 M. Arzarello. Wiedergabe unter der Lizensierung ‚public domain'. Zugriff 14.09.2020.

Liane Giemsch

Von Afrika aus um die Welt: Das Acheuléen

1 A. Gonschior/Heidelberger Akademie der Wissenschaften

2 B. Groscurth/AMF

3 aus: Beyene, Y. u. a. 2013 The characteristics and chronology of the earliest Acheulean at Konso, Ethiopia. PNAS 110, 5, 2013, 1584–1591, Fig. 4.

4 J. Vogel/LVR.

5 Atelier Wildlife Art for Hessisches Landesmuseum Darmstadt, Foto: W. Fuhrmannek, HLMD.

6 Daten: ROAD (ROCEEH), Hintergrundkarte: T. Patterson, verwendet unter der Lizensierung ‚public domain', Kartographie: Christian Sommer (ROCEEH).

Liane Giemsch

Frühe Feuernutzung durch den Menschen

1 J. Neskora on Unsplash.

2 B. Groscurth/AMF.

3 Daten: ROAD (ROCEEH), Hintergrundkarte: T. Patterson, verwendet unter der Lizensierung ‚public domain', Kartographie: Christian Sommer (ROCEEH).

Angela A. Bruch, Karen Hahn

Roh oder geröstet? Wie Feuernutzung den Speisezettel verändert

1 M. Schmidt

2 Daten: A. Bruch/K. Hahn, Illustration: B. Groscurth/AMF

3 Nr. 1 Ficus sur: Günter Baumann, African plants – A Photo Guide. www.africanplants.senckenberg.de

Nr. 2 Hoslundia opposita: Claude Boucher Chisale, African plants – A Photo Guide. www.africanplants.senckenberg.de

Nr. 3: Brachystelma barberiae: Wikimedia: Curtis botanical magazine pl.5607

Nr. 4 Plectranthus esculentus: Paul Latham, African plants - A Photo Guide. www.africanplants.senckenberg.de

Nr. 5: Sclerocarya birrea subsp. caffra: Claude Boucher Chisale, African plants – A Photo Guide. www.africanplants.senckenberg.de

Nr. 6: Phoenix reclinata: Jos Stevens, African plants - A Photo Guide. www.africanplants.senckenberg.de

Info-Kasten Baobab:

Baobabbaum: K. Hahn; Blätter: A. Lessmeister; Früchte: F. Schrenk

Miriam Noël Haidle

Auf Umwegen zu menschlichem Denken

1 R. Walter

2 M. N. Haidle

3–6 B. Groscurth/AMF

7 M. N. Haidle

Christine Michel

Von Rasseln und Rätselkisten – Soziales Lernen als Schlüsselrolle zum Menschsein

1 pixabay.com

2 S. Michel

3 Grafik in Anlehnung an: Kobayashi, H., Kohshima, S. Unique morphology of the human eye. Nature 387, 767–768 (1997). https://doi.org/10.1038/42842

Fotos: Galago: pixabay.com; Makake: pixabay.com; Mensch: E. Quednau/AMF; Pavian: pixabay.com; Gorilla: pixabay.com, Orang-Utan: pixabay.de; Schimpanse: Gemeiner Schimpanse: Zeppelin https://piqs.de/fotos/111667.html; Gibbon: pixabay.com

4 Gestaltung: E. Quednau/AMF, Grafik angelehnt an: Michel, C./Pauen, S./Hoehl, S. Schematic eye-gaze cues influence infants' object encoding dependent on their contrast polarity. Scientific Reports 7, 7347 (2017). https://doi.org/10.1038/s41598-017-07445-9

5 E. Quednau/AMF

Oliver Schlaudt

Habitus: Die kulturelle Grundierung

1 Martin Kraft, CC BY-SA 3.0, https://commons.wikimedia.org/wiki/Ovis_canadensis#/media/File:MK00658_Badlands_Bighorn_Sheep.jpg)

2 Stout 2002, Fig. 5

3 Foto: M. S. Müller, K. Behrendt, Quelle: http://www2.braunschweig.de/lichtparcours2016/lp16/presse.html.media/350757/_MG_0668.jpg

Miriam Noël Haidle

Über die Berge, in die weite Welt. Spuren menschlicher Ausbreitungen

1 H. Jensen, Uni Tübingen

2–7 Daten: ROAD (ROCEEH), Hintergrundkarte: T. Patterson, verwendet unter der Lizensierung ‚public domain', Kartographie: Christian Sommer (ROCEEH).

Roman M. Wittig

Kulturen von Schimpansen – eine Spurensuche

1 C. Girard-Buttoz, Tai Chimpanzee Project

2 Ch. Boesch/Wild Chimpanzee Foundation

3 L. Samuni, Taï Chimpanzee Project (a-c), D. Morgan & C. Sanz (d).

4 B. Groscurth/AMF, nach Abb. 1 aus Whiten et al. 1999.

5 T. Gruber

6 L. Luncz

Info-Kasten Nussknacken

R. Wittig

Seite 134 A. Gonschior/Heidelberger Akademie der Wissenschaften

Madelaine Böhme

Der Menschwerdung auf der Spur: Forschung und wissenschaftliche Methoden

1–3 L. Giemsch

Steckbriefe

Homo sapiens

A. M. Rahn

Homo neanderthalensis

Büste: © Atelier Wildlife for Hessisches Landesmuseum Darmstadt
Foto: Wolfgang Fuhrmannek, HLMD

Zeichnungen: A. M. Rahn

Homo heidelbergensis

A. M. Rahn

Homo erectus

Büste: © Atelier Wildlife Art for Hessisches Landesmuseum Darmstadt
Foto: W. Fuhrmannek, HLMD

Zeichnungen: OH9: Ch. Hemm

Sangiran 17 und Dmanisi D2700: A. Marie Rahn

Homo ergaster

ER 3733 und Turkana Boy: Ch. Hemm

Turkana Boy gehend und Schädel: A. Marie Rahn

Homo habilis

Büste: © Atelier Wildlife Art for Hessisches Landesmuseum Darmstadt
Foto: W. Fuhrmannek, HLMD

Zeichnungen: KNM-ER 1813: C. Schnubel

OH7: Ch. Hemm

Homo rudolfensis

Büste: © Atelier Wildlife for Hessisches Landesmuseum Darmstadt
Foto: W. Fuhrmannek, HLMD

Zeichnungen:

KNM ER 1470: A. Marie Rahn

UR 501: C. Schnubel

Australopithecus africanus

Büste: © Atelier Wildlife Art for Hessisches Landesmuseum Darmstadt
Foto: W. Fuhrmannek, HLMD

Zeichnungen: C. Schnubel

Australopithecus afarensis

Zeichnungen: Lucy walking: C. Schnubel

Andere: A. M. Rahn

Paranthropus boisei

Foto: D. Hoffmann/AMF

Büste: © Atelier Wildlife for Hessisches Landesmuseum Darmstadt
Foto: W. Fuhrmannek, HLMD

Ardipitecus ramidus und kadabba

A. M. Rahn

Sahelanthropus tchadensis

Zeichnung: Ch. Hemm

Büste: © Atelier Wildlife for Hessisches Landesmuseum Darmstadt
Foto: W. Fuhrmannek, HLMD

Impressum

Ausstellung

Leitender Direktor Archäologisches Museum Frankfurt

Dr. Wolfgang David

Kuratorinnen

Dr. Liane Giemsch, PD Dr. Miriam Noël Haidle

Wissenschaftliche Arbeitsgruppe

apl. Prof. Dr. Michael Bolus, PD Dr. Angela Bruch, Dr. Liane Giemsch, PD Dr. Miriam Noël Haidle, Dr. Karen Hahn, Dr. Christine Hertler, Dennis Hoffmann M.A., Dr. Christian Sommer und die Mitglieder des studentischen Projektes an der Goethe-Universität Frankfurt: Anne Bachmann, Victoria Diefenbach, Annika Haas, Anna Therese Hoffmann, Johannes Kratz, Sandra Niggemann, Kirsten Scheinberger, Elaine Schneider, Angela Senftleben, Kea Simonis, Marcel Wachtel

Ausstellungskoordination und Leihverkehr

Dr. Liane Giemsch, Tessa Maletschek M.A., Dr. Andreas Sattler

Versicherung

Tessa Maletschek M.A., Dr. Andreas Sattler

Ausstellungsarchitektur und -grafik

Eike Quednau

Grafische Umsetzung und Gestaltung der Werbemedien

Eike Quednau

Textredaktion

Kim Ottendorf M.A., Dr. Andreas Sattler

Technischer Dienst und Ausstellungsaufbau

Wolfgang Block, Thomas Flügen, Heinrich-Teja Huppertz, Lothar Kant

Museumspädagogik und Koordination Begleitprogramm

Dr. Liane Giemsch, Maria Meßner M.A., Dr. Christian Peitz

Restauratorische Betreuung und Ausstellungseinrichtung

Thomas Flügen, Sigrun Martins, Dipl.-Rest. Birgit Schwahn

Veranstaltungsmanagement

Maria Meßner M.A.

Personal- und Finanzverwaltung

Nicole Fallert, Birgit Milanovic

Öffentlichkeitsarbeit, Presse und „soziale Medien"

Maria Meßner M.A., Sara Martin M.A.

Animation zur Ausbreitung des Menschen

LVR-LandesMuseum Bonn,
Architectura Virtualis GmbH

Film zur Herstellung eines Faustkeils durch Harm Paulsen, Experimentalarchäologe

Kamera: Claus-Peter Grätz
Thomas Claus Medienproduktion 2002

Multitouchanwendung

Programmierung und Design

Bluelemon, Köln

Bildrecherche- und beschaffung

Dr. Tomáš Zachar

Karten in Multitouchanwendung und Ausstellung
apl. Prof. Dr. Michael Bolus, Annika Cüppers,
Dr. Christine Hertler, Dr. Andrew Kandel,
Dr. Christian Sommer

Filme „Schimpansen"
Taï Chimpanzee Project, Max Planck Institut für
Evolutionäre Anthropologie Leipzig

Bau interaktive Station Faustkeil und Knochenmark
Modellbau Heyn, Göttingen

Rekonstruktionen der Steinwerkzeuge
Dr. Johann Tinnes, Köln

Grafikproduktion
plot.com, Erlensee

Übersetzung aller Texte
Dr. Iris Trautmann, A & O München

Illustrationen
Bastian Groscurth, Rodolfo Nogueira Soares Ribeiro,
Eike Quednau

Katalog

Konzeption
Dr. Liane Giemsch, PD Dr. Miriam Noël Haidle

Redaktion, Lektorat
Dr. Liane Giemsch, PD Dr. Miriam Noël Haidle,
Dipl.-Biol. Julia Heß, Dr. Andreas Sattler

Korrektorat
Tina Sieber und Tülin Degirmenci,
Nünnerich-Asmus Verlag & Media GmbH, Oppenheim

Layout- und Umschlaggestaltung
Eike Quednau

Literaturrecherche und -beschaffung
Andrea Giar

Satz
Bild1Druck GmbH, Berlin

Druck
Grafisches Centrum Cuno GmbH & Co. KG, Calbe (Saale)

Produktion und Vertrieb
Nünnerich-Asmus Verlag & Media GmbH, Oppenheim

Unser Dank gilt folgenden Leihgebern

Forschungsprojekt „The Role of Culture in Early Expansions of Humans" (ROCEEH) der Heidelberger Akademie der Wissenschaften
Hessisches Landesmuseum Darmstadt
Senckenberg Gesellschaft für Naturforschung
Taï Chimpanzee Project, Max Planck Institut für
Evolutionäre Anthropologie Leipzig
Weltkulturen Museum Frankfurt

Wir bedanken uns bei folgenden Persönlichkeiten für ihren Rat und Unterstützung
Allen Autoren dieses Ausstellungskatalogs für ihre Beiträge
Ulrich Aßhauer, Frankfurt am Main
Katrin Bastert-Lamprichs M.A., Berlin
PD Dr. Angela A. Bruch, Frankfurt am Main
Feyza Caliskan, Frankfurt am Main
Amiran Chabukiani, Tbilisi
Birgit Denkel-Oswalt, Frankfurt am Main
Christoph Duntze M.A., Bonn
Prof. Dr. Sonia F. Harmand, Nairobi
Dr. Christine Hertler, Frankfurt am Main
Dr. Olaf Jöris, Neuwied
James Kiptalam, Nairobi
Klaus Kudrass, Frankfurt am Main
Prof. Dr. David Lordkipanidze, Tbilisi
Prof. Dr. Friedemann Schrenk, Frankfurt am Main
PD Dr. Ottmar Kullmer, Frankfurt am Main
Dr. Nicole Rupp, Frankfurt am Main
Dr. Oliver Sandrock, Darmstadt
Olivia J. M. Straub, Frankfurt am Main
Elisabeth Wörner, Frankfurt am Main

Die Olduvai-Schlucht in Tansania, Fundort von Fossilien früher Menschen, zahlreicher Tierreste und Steinartefakten.